딱정벌레 왕국의 여행자

딱정벌레 왕국의 여행자

글쓴이 **한영식** ㅣ 찍은이 **이승일**

ㅣ 우 리 땅 ㅣ 우 리 숲 에 서 ㅣ 만 나 는 ㅣ 딱 정 벌 레 의 ㅣ 세 계 ㅣ

사이언스북스
SCIENCE BOOKS

1
1. 남색초원하늘소. ◀◀ 넉점박이큰가슴잎벌레.

여행을 시작하며

지난 10년 동안 딱정벌레를 비롯한 곤충을 채집해 왔다. 곤충 채집가의 길에 들어선 것은 곤충의 다양성에 매료되었기 때문이다. 정말 무한하다고 할 수 있을 정도로 다양한 모양, 크기, 색깔을 가진 곤충의 세계는 나의 마음을 사로잡았다. 곤충 꿈은 수도 없이 꾸었고 지나가다가 곤충만 보면 모든 것을 제쳐 두고 채집해 관찰했다. 이제까지 보지 못했던 새로운 종을 채집했을 때의 쾌감은 형언하기 힘들다. 산삼을 발견해 본 심마니만이 나의 심정을 알 수 있을 것이다.

나는 생물이 좋다

어릴 때부터 생물을 좋아했다. 살아 움직이는 것을 관찰하는 게 그렇게 즐거울 수 없었다. 고등학교에 올라가 과학 선택 과목을 정해야 했을 때에 한 반의 두세 명만 선택하던 생물을 망설이지 않고 선택했다. 그리고 생물학과로 진학할 것을 결심했다. 그 후에 강원 대학교 생물학과에 입학하여 의정부에서 춘천까지 통학하게 되었다.

춘천행 첫차를 타기 위해 새벽에 일어나는 것은 힘든 일이었다. 뜨이지 않는 눈을 비비며 일어나 수돗가로 나가서 머리를 찬물에 감으면 정신이 번쩍 났다. 어머니가 정성스럽게 차려 주신 아침을 먹고 집을 나섰다. 어둠이 채 가시지 않은 동네 골목의 가로등이 아직 켜져 있었다. 학교에 등교하는 청소년들, 멀리 떨어진 직장에 출근하는 사람들, 가게문을 열기 위해서 시장으로 나가는 사람들, 나와 같이 멀리 떨어진 학교에 통학하는 대학생 등 해도 뜨지 않은 이른 시간부터 분주하게 자신의 삶을 개척하며 열심히 살아가는 사람들을 보면서 '무슨 일이든지 열심히 해야지.' 하고 마음을 다잡았다.

가로등 불빛을 바라보며 발걸음을 재촉하는 그들은 나의 스승이자 동료였다.

　수많은 사람이 복닥대는 번잡한 수도권과 호반의 도시 춘천을 잇는 경춘선 열차를 타고 봄, 여름, 가을, 겨울의 기찻길 풍경을 감상하는 동안 1학년 초보 대학 생활이 어느새 지나가 버렸다.

내 사랑, 딱정벌레

1년 동안 생물학 강의를 들으면서 생물학의 세계에 한걸음씩 다가가기 시작했다. 무엇이든지 겁 없이 할 수 있는 대학의 자유를 대변하듯 수많은 동아리들이 있었지만 생물학을 좋아하는 내가 선택할 수 있는 동아리는 많지 않았다. 생물학과에 나비 채집 동아리인 '모시나래'가 있었지만 왠지 나비에는 마음이 끌리지 않았다. 다른 친구들이 동아리 활동을 위해서 흩어지면 나는 몇몇 친구들과 함께 '로커룸'이라 부른 한 친구의 집에 모여 이야기꽃을 피우곤 했다. 그 친구는 어려서부터 사슴벌레 같은 딱정벌레를 좋아했고 곤충을 공부하기 위해서 생물학과에 왔다. 그렇지만 강원 대학교의 생물학과에는 곤충학 강좌가 없었으며 농생물학과에만 있었다.

　어느 날 '로커룸'에서 사슴벌레를 좋아하던 친구가 곤충을 함께 연구하자는 제안을 했다. 동아리를 한번 만들어 보고 싶었던 나는 그 제안을 적극적으로 받아들였다. '로커룸'을 나와 학교의 언덕을 오르면서 "너랑 나랑 우선 딱정벌레들을 채집하고 연구해 보자. 둘이 하다가 정 안 되면 그만두는 거고, 잘 되면 동아리 하나 만드는 거지 뭐."라는 말로 딱정벌레 동아리를 시작하게 되었다. 의기투합한 우리는 그 이야기가 나오고 며칠 뒤인 1993년 4월 17일에 단 두 명의 회원으로 이루어진 딱정벌레 채집 동아리 '비틀스'를 결성했다.

1. 무당벌레.

　동아리 설립 바로 다음 날인 1993년 4월 18일에 '비틀스' 역사상 첫 번째 채집을 나섰다. 거창하게 어디로 채집 여행을 가는 것은 아니었고 학교 가는 길에 딱정벌레가 보이면 채집하는 것이었다. 눈을 동그랗게 뜨고 하늘 위를 바라보기도 하고 땅바닥을 뚫어지게 주시하기도 하며 나무나 꽃이라도 발견하면 재빨리 달려가서 딱정벌레를 찾았다. 하지만 딱정벌레들은 초보 채집가를 조롱하듯 쉽게 눈에 띄지 않았다.

　한 마리도 제대로 채집하지 못하고 두리번두리번거리며 걸어가던 나의 눈에 딱정벌레 하나가 들어왔다. 바로 참검정풍뎅이였다. 밤새 무슨 일이 있었는지 죽어 있었다. 죽은 딱정벌레였지만 처음으로 채집했다는 것에 신이 나서 달려갔다. 표본을 어떻게 만들어야 하는지에 대해 아무런 지식이 없었기에 근처 문구점에서 핀을 한 통 사고, 꽂아 놓을 곳이 마땅하지 않아서 종이컵을 하나 준비했다. 종이컵을 뒤집은 다음, 죽은 풍뎅이를 올려놓고는 핀으로 고정했다. 그럴싸한 표본이 완성되었다. 태어나서 처음으로 표본을 만든 순간이었다. 그 때문에 평상시 걸리던 시간의 세 배나 걸려서 학교에 도착했지만 그 때의 즐거움은 무엇과도 바꿀 수 없는 것이었다. 이날부터 딱정벌레 채집가의 세계 속으로 발을 들여놓았다.

딱정벌레에 관심을 갖기 전까지만 해도 생물학 하면 실험복을 입고 연구실에서 실험에 열중하는 것으로 생각했다. 그래서 내 미래의 모습도 그런 실험실 연구자로 그리곤 했다. 그렇지만 딱정벌레에 관심을 가진 이후로 꿈과 일상이 완전히 바뀌었다. 우선, 다른 사람들처럼 걷지 못하게 되었다. 눈을 동그랗게 뜨고 두리번두리번 여기저기를 둘러보는 습관이 생겼다. 요즘도 친구들은 나를 보고 "너는 왜 앞을 보고 걷지 않고 두리번거리며 걷느냐?"라고 한결같이 핀잔을 준다. 옷도 호주머니가 많은 등산복을 입고 다니기 시작했다. 언제든지 채집 도구를 몸에 지니고 다니기 위해서였다.

딱정벌레 세계에 빠져들면서 하나둘 생긴 이상한 행동 습관은 이것만이 아니다. 길을 걸을 때에는 땅바닥만 보고 가기 때문에 종종 나무에 부딪히기도 했다. 산에 가면 쓰레기가 가득한 휴지통부터 뒤지고, 냄새나는 시골의 화장실에 가도 뭐가 있나 구석구석을 찾아봤다. 동물의 배설물도 지나치지 않고 꼭 헤집었다. 꽃을 만나도 멈춰서 꽃 주위를 열심히 살펴보고, 죽어서 쓰러진 나무가 있으면 이리저리 뒤집었으며, 물이 고인 곳이 있으면 뚫어지게 들여다보았다. 또 날아가는 곤충을 보면 주위의 시선은 아랑곳하지 않고 단거리 선수처럼 달려가 잡아야만 직성이 풀렸다. 친구와 함께 이야기하며 걸어가다가도 딱정벌레 비슷한 것들만 보면 멈춰 서서 정신없이 관찰했다. 같이 가던 사람이 한참을 기다려야 했던 적도 한두 번이 아니었다.

친구들을 만나도 내가 하는 모든 이야기는 딱정벌레 한 가지로 통했다. 입술에 침을 발라 가면서 내가 본 새로운 세계에 대해서 끝도 없이 이야기했다. 중간에 주제가 바뀌어도 나중에는 딱정벌레 이야기로 돌아오곤 했다. 더구나 기차를 오래 타고 다녀서 그런지 목소리 또한 화통을 삶아 먹은 듯 엄청나게 컸다. 그런 목소리로 신나게 떠들고 나면 맥이 다 빠져 버렸다. 이야기한 내가 그랬으니 가만히 듣고만 있었던 사람들은 어떠했을까.

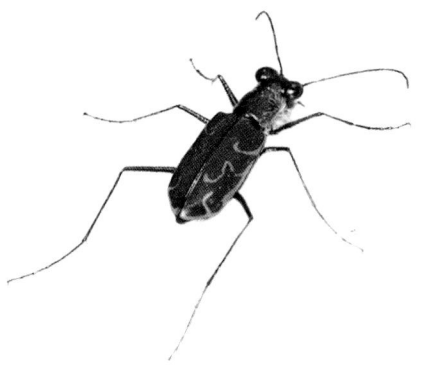

▲ 꼬마길앞잡이.
◀ 복숭아거위벌레.

서점에 가면 주로 과학 서적 코너에서만 머물다가 나오게 되었다. 곤충과 딱정벌레에 관련된 책들을 찾아다닌 것이다. 그러나 원하는 책을 찾기란 쉽지 않았다. 요즘에는 인터넷으로 검색을 하면 많은 정보를 쉽게 찾을 수 있고, 서점에 가면 관련 책들을 많이 볼 수 있지만 1993년만 해도 관련 서적과 자료를 찾기란 쉽지 않았다. 그래서 헌책방을 찾아다녔다. 집 근처 동네 헌책방부터 춘천의 학교 근처 대학가 헌책방에 이르기까지, 내가 가는 어디에서나 서점과 헌책방을 순례하는 습관이 생긴 것도 이때부터이다.

또 나는 채집통을 항상 주머니와 가방에 넣고 다닌다. 언제 어디서 어떤 새로운 딱정벌레를 만날지 모르기 때문이다. 현대인의 필수품인 핸드폰은 빠뜨려도 채집통은 빠뜨리는 법이 없다. 몸에만 지니고 다니는 것이 아니라 자주 가는 곳인 학교 동아리 방은 물론이고 자동차와 회사의 사무실에도 채집통을 준비해 두었다.

그리고 꿈에서도 딱정벌레를 만났다. 장수하늘소를 잡는 꿈을 꾸다가 깬 적이 한두 번이 아니었다. 꿈을 깨고 나서도 손에는 장수하늘소가 꿈틀대던 느낌이 그대로 남아 있었다.

나는 딱정벌레를 통해 새로운 세계를 만났다. 딱정벌레를 사랑해 왔고 앞으로도 사랑할 것이다. 내 사랑, 딱정벌레.

1

딱정벌레 왕국의 여행자

10년 가까이 채집을 하면서 1000여 종에 가까운 우리나라 딱정벌레를 채집할 수 있었다. 채집할 때마다 새로운 딱정벌레를 만났다. 하지만 그것은 거대한 딱정벌레 세계에서 극히 일부일 뿐이었다. 약 115만 종의 가족을 거느린 동물계에서 곤충은 90만여 종으로 약 75퍼센트에 이른다. 그런데 딱정벌레는 이름이 붙은 것만 35만 종으로 곤충의 30퍼센트 이상을 차지하고 있다. 포유류 5000여 종, 조류 1만여 종, 어류 2만여 종에 비하면 딱정벌레는 엄청나게 많다. 지구촌에서 자연환경에 가장 잘 적응한 동물은 바로 딱정벌레인 것이다. 우리나라에 몇 종류의 딱정벌레가 있는지는 추정할 수도 없을 정도이다. 이렇게 거대한 딱정벌레 세계 앞에서 느낀 경이로움이 채집가로서 내가 가진 열정의 근원이다.

하지만 내 열정은 번번이 벽에 부딪혔다. 첫 번째 벽은 우리나라의 딱정벌레 연구가 너무 낮은 수준이라는 것이었다. 우리나라 딱정벌레가 분류조차 제대로 되지 않아 현장 채집가들의 길라잡이라 할 기본적인 도감 자료마저 부족했다. 딱정벌레 채집을 시작한 1993년은 말할 것도 없고, 10년이 지난 지금까지도 모든 것이 부족하다. 온갖 고생을 다해 채집해 놓고도 동정(同定)을 못해 이름을 붙이지 못한 딱정벌레들이 부지기수였다. 밤을 새 가며 책을 뒤져 과(科)와 속(屬)까지 찾아내도 종(種)과 아종(亞種)까지는 알아내지 못한 게 많았다. 표본 상자가 쌓인 방에 누워 있을 때면 이름 없는 딱정벌레들이 이름 달라는 아우성이 들리는 듯했다. '이름도 붙여 주지 못하는 데 무슨 연구란 말인가?' 하는 불만과, 언젠가는 우리나라 딱정벌레를 모두 실은 도감을 만들겠다는 야망이 나의 열정을 달구었다.

두 번째 벽은 곤충 채집, 곤충 연구로 먹고살기 힘들다는 냉혹한 현실이었다. 농업이나 임업에 도움이 되지 않는 곤충 연구에는 돈이 모이지 않는다. 순수 생물학을 연구하는 생물학과가 아니라 농생물학과에 곤충학 강좌를 두는 대학이 대부분인 우리나라 현실에서 '익충'이나 '해충'으로 분류되지 않는 곤충을 순수하게 연구하는 것은 사치이다. 곤충 연구가나 채집가는 농진청이나 산림청의 제한된 자리 외에는 자신의 전공을 살릴 수 없다.

이런 현실의 벽을 생각할 때마다 나는 안타까웠다. 채집가의 길을 더 이상 고집하지 말아야 하는지, 곤충 연구에 대한 꿈을 접어야 하는 것은 아닌지, 끊임없이 고민했다. 하지만 그때마다 처음 채집하고 표본을 만든 때의 즐거움과, 손에 잡힌 딱정벌레가 꿈틀대던 그 감촉이 나를 다시 일깨웠다. 자연의 신비가 내 눈과 손을 통해 직접 전달되는 것 같은 그 감동을 기억하는 한 내 열정은 식지 않을 것이고 언제든 딱정벌레 왕국으로 여행을 떠날 것이다.

딱정벌레를 찾아서

관심을 가지고 자연을 보면 이제까지 볼 수 없었던 새로운 세계를 볼 수 있게 된다. 인적 없는 조그만 산길, 산길 옆의 이름 모를 잡초들, 초원과 숲을 아름답게 수놓는 야생화들, 서로 기대며 풍성한 숲을 만드는 나무들, 물이 고인 재래식 논, 적막 속에 가라앉은 한여름 밤의 숲 등을 자세히 들여다보면 자신만의 독특한 방법으로 사랑과 삶을 일궈 가는 딱정벌레들을 볼 수 있다. 그들도 우리와 다를 바 없다. 새벽부터 일어나 자기 삶을 개척해 나가는 사람들처럼 딱정벌레들도 매일 수많은 위험이 도사린 자연 속으로 당당하게 나아간다. 그것을 관심 있게 지켜보는 것은 커다란 즐거움이다.

자연을 연구하는 것은 그것이 유용하기 때문만이 아니다. 무엇보다 자연의 아름다움을 탐구하고 연구하는 일이 즐거움과 감동을 주기 때문이다. 나는 이 즐거움과 감동 덕분에 10년 동안 딱정벌레를 채집하고 연구할 수 있었다.

이제 오랫동안 간직해 온 나만의 즐거움과 감동을 여러 사람과 나눌 때가 되었다. 나는 이 책에서 우리나라의 대표적인 딱정벌레를 서식지 중심으로 소개한다. 그동안의 채집을 통해 얻은 경험과 지식을 바탕으로 딱정벌레의 특징과 생태, 생활사 등을 정리해 보았다. 우리나라의 딱정벌레를 모두 망라한 것도 아니고, 내 표본 상자에서 이름 없이 잠자고 있는 모든 딱정벌레를 다룬 것도 아니지만, 우리의 일상 세계 한쪽에 숨어 있던 또 다른 세상을 발견할 수 있었던 즐거움을 조금이나마 공유하고자 노력했다. 그러면 지금부터 딱정벌레의 왕국으로 여행을 떠나 보자.

갑신년 정월에 안산에서

한영식

1

1. 홈줄풍뎅이.

딱정벌레 왕국 가이드

딱정벌레는 동물계에 가장 거대한 왕국을 건설한 곤충이다. 딱정벌레 왕국의 역사는 2억 4000만 년을 거슬러 올라가며, 그 영토는 뜨거운 열대 사막에서부터 추운 극지까지 지구 전체를 아우른다. 자연 적응에 성공한 경이로운 신체 구조와 독특한 생활 방식을 가진 딱정벌레들은 인간이 접근하지 못한 지구 구석구석까지 정복하는 데 성공했다.

한반도도 예외는 아니다. 땅에서 다른 곤충을 잡아먹으며 사는 딱정벌레, 꽃 위에서 사는 딱정벌레, 잎을 먹으며 사는 딱정벌레, 나무에 서식지를 만든 딱정벌레, 물속에서 헤엄치는 딱정벌레, 밤하늘을 날아다니는 딱정벌레. 우리 땅, 우리 숲, 어디를 가나 우리는 딱정벌레의 왕국을 지나가야 한다.

딱정벌레 왕국의 거대한 영토, 장구한 역사를 생각할 때 겨우 200만 년의 역사를 가진 우리 인류는 딱정벌레 왕국을 잠시 찾은 여행자일지도 모른다. 하지만 딱정벌레 왕국은 여행자에게 배타적이지 않다. 조금만 관심을 가지고 살피면 딱정벌레 왕국은 누구도 거절하지 않고 반갑게 맞아 준다. 그러면 지금부터 몇 가지 기본 정보를 살펴본 다음, 딱정벌레 왕국으로의 여행을 떠나 보자.

동물계 최대의 왕국

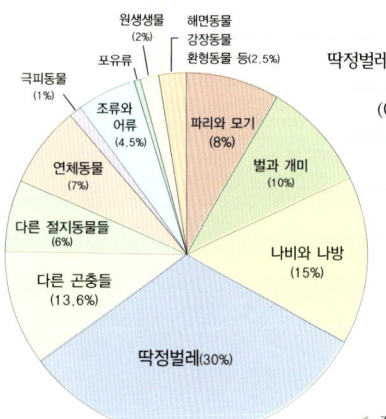

딱정벌레는 동물계(Kingdom) 절지동물문(Phylum) 곤충강(Class) 딱정벌레목(Order)에 속하는 곤충으로, 현대적인 분류학이 성립된 이래 분류학자들이 이름 붙인 것만 해도 35만 종이나 되는 거대한 무리이다. 종 수로만 따졌을 때 동물계 전체의 30퍼센트에 이른다. 다시 말해 우리가 만나는 동물 가운데 서넛 중 하나는 딱정벌레인 셈이다. 1만 종 정도인 개미가 대략 1경 마리 있다는 것을 생각한다면 딱정벌레 왕국이 얼마나 거대한지는 충분히 짐작할 수 있을 것이다.

◀ 종 수로 본 동물계의 구성 비율. 5000여 종으로 이루어진 포유류의 세계는 딱정벌레 왕국의 70분의 1인 0.4퍼센트에 불과하다.

왕국 번영의 비밀

딱정벌레가 다른 동물보다 번성할 수 있었던 이유는 무엇일까? 여러 과학자들은 그 이유로 외골격의 발달, 뛰어난 번식력, 이동의 용이성, 작은 몸 크기, 몸 구조의 적응력, 변온성, 완전 변태, 유전적인 다양성, 기관계와 보호색의 발달을 들고 있다. 좀 더 자세히 살펴보면 다음과 같다.

1. 딱지날개 같은 튼튼한 외골격을 가지고 있다.
    이 외골격은 천적이나 위험 상황에서 중요 기관을 보호해 주며 몸속 수분의 증발을 막아 준다.

2. 번식력이 뛰어나다. 1년 동안 여러 세대가 교체되는 딱정벌레도 있다.
    곤충의 일종인 진딧물은 1년에 23대까지 번식하는 경이로운 번식력을 보인다.

3. 날개를 가져서 이동이 쉽다. 한 서식지의 먹이가 없어져도 새로운 곳으로 손쉽게 이동하여 먹이를 구할 수 있다. 그리고 천적으로부터도 잘 도망갈 수 있다.

4. 몸 크기가 작다. 작기 때문에 천적 눈에 잘 띄지 않고 적은 먹이로도 살아갈 수가 있다.

5. 환경에 잘 적응한 몸 구조를 가지고 있다. 물방개는 헤엄을 치기에 알맞게 다리가 발달되어 있으며 육식성인 길앞잡이는 다른 곤충을 잡아먹기 좋게 턱이 발달되어 있다. 그리고 식물을 먹는 종은 그것에 알맞은 턱을 가지고 있다. 기본적인 구조는 비슷하지만 각 종의 생활양식에 맞게 잘 적응되어 있다.

6. 변온동물이기 때문에 영하 20~30도의 극지에서도 살 수 있다.

7. 완전 변태를 한다. 알, 애벌레, 번데기, 성충의 완전 변태를 함으로써 같은 종임에도 변태 단계에 따라 먹이와 서식지가 달라진다. 이 덕분에 먹이와 서식지를 쉽게 확보할 수 있다. 그리고 변태 과정에서 안 좋은 환경이 개선될 때까지 기다리다가 환경이 개선되면 다음 변태 단계로 넘어가는 등 생활사에 융통성이 있다.

8. 유전적인 다양성이 크다.
    유전적으로 다양하게 분화되어 있기 때문에 도태되지 않고 계속 생명을 유지할 수 있다.

9. 기관계가 발달되어 있어, 산소를 외부로부터 직접 공급받음으로써 민첩한 활동성을 보인다.

10. 환경에 맞춰 다양하게 발달된 보호색을 띤다.

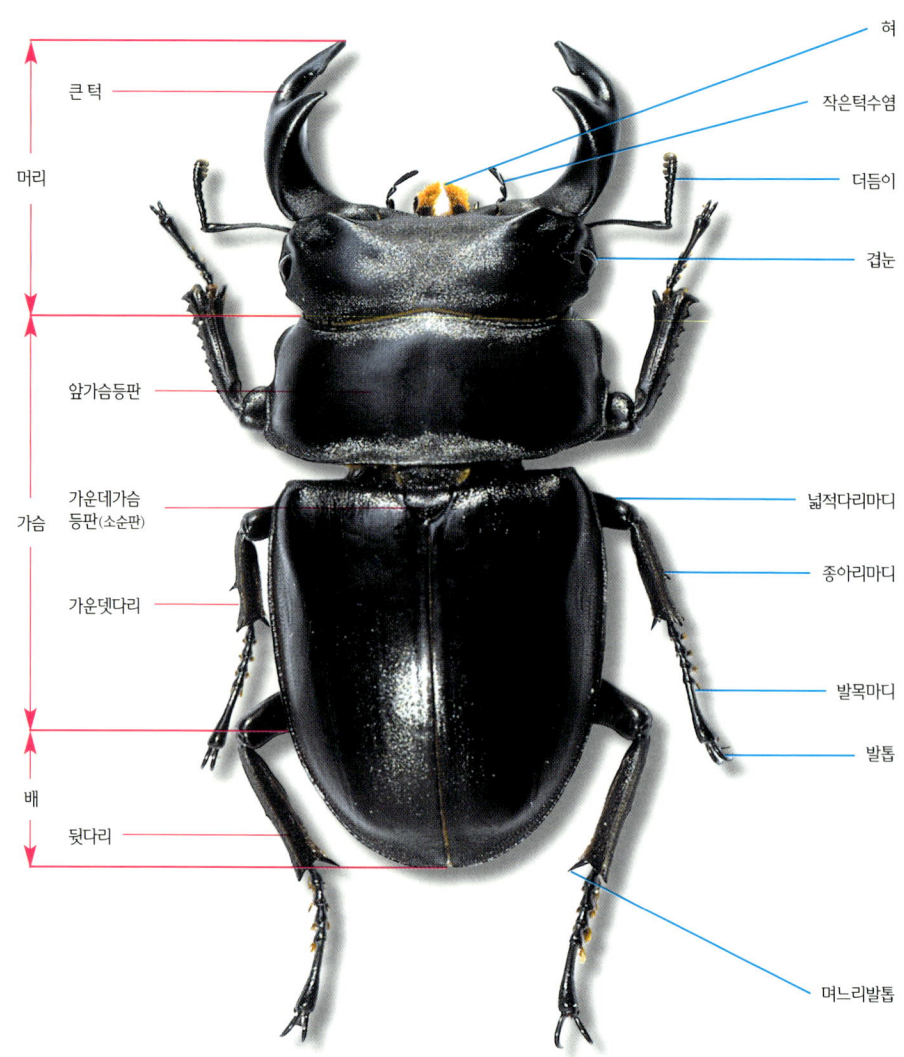

머리
큰 턱
혀
작은턱수염
더듬이
겹눈

가슴
앞가슴등판
가운데가슴
등판(소순판)
가운뎃다리
넓적다리마디
종아리마디
발목마디
발톱

배
뒷다리
며느리발톱

왕사슴벌레 수컷의 등 쪽 모습

딱정벌레의 몸은 다른 곤충과 마찬가지로 기본적으로 머리, 가슴, 배로 나뉜다. 머리에는 특징적인 턱이
나 입이 있고, 더듬이나 눈 같은 감각 기관이 있다. 가슴과 배는 등판, 배판, 좌우 엽판으로 되어 있으며 세
쌍의 다리와 한 쌍의 딱지날개, 한 쌍의 속날개, 생식기 등이 붙어 있다.

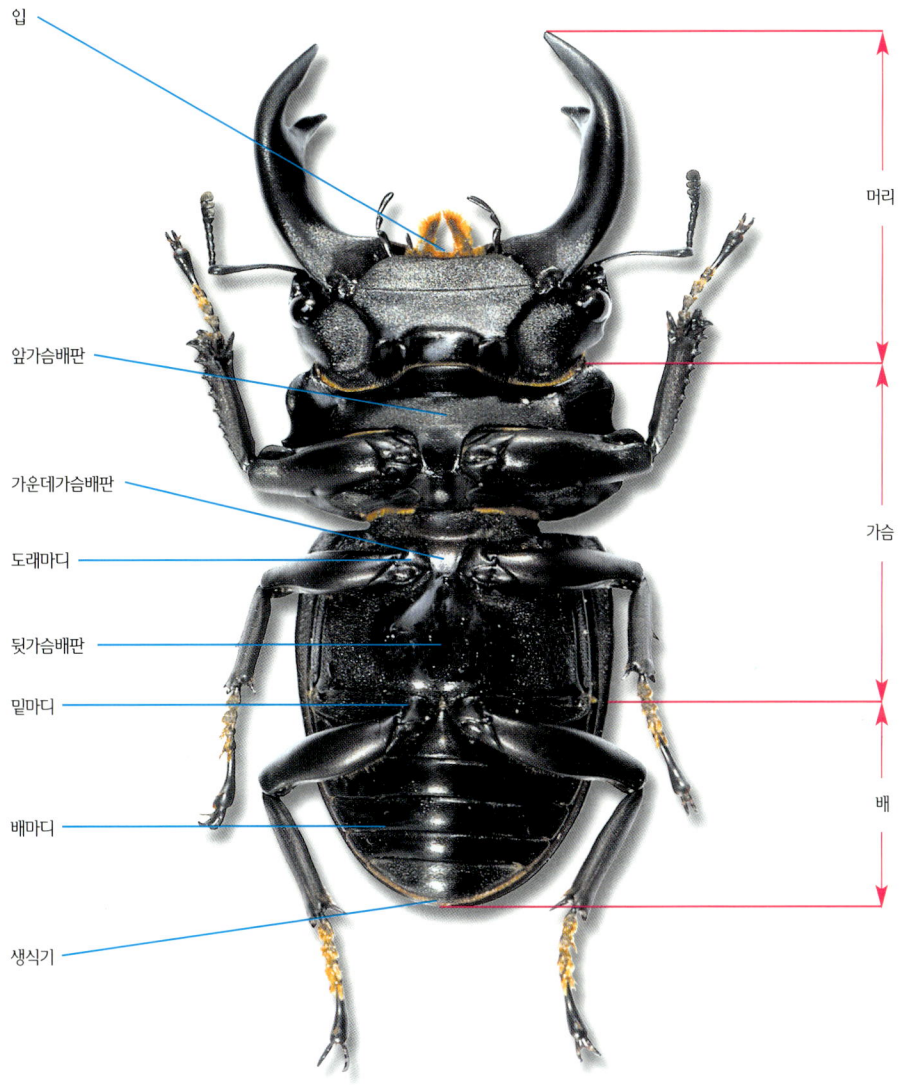

입

앞가슴배판

가운데가슴배판

도래마디

뒷가슴배판

밑마디

배마디

생식기

머리

가슴

배

왕사슴벌레 수컷의 배 쪽 모습

딱정벌레들은 지난 2억 4000만 년 동안 급변하는 자연환경에 맞춰 먹이, 서식지, 생활사, 심지어는 모양까지 바꾸어 왔다. 분류학자들은 경이로운 자연 적응의 산물인 딱정벌레의 몸 구조를 바탕으로 어떤 종류의 딱정벌레인지, 다른 딱정벌레와는 어떤 연관성이 있는지 알아낸다.

차례

땅에서 길잡이를 만나다   20

꽃 위의 작은 친구들   54

잎에 살며 잎을 먹는 딱정벌레   96

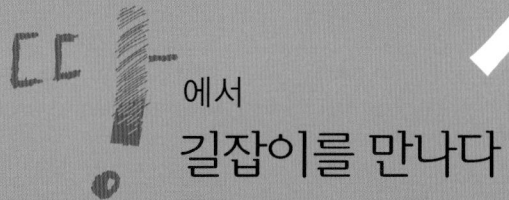

땅에서
길잡이를 만나다

1

점심시간이 되면 대형 빌딩 사이로 쏟아져 나온 사람들이 점심을 먹기 위하여 음식점 간판이 붙은 곳을 찾아 열심히 두리번거린다. 짧은 점심시간 동안 식사를 마치기 위해 발걸음을 재촉하는 사람들처럼, 산길 위의 곤충들도 식사 시간이 되면 바지런히 먹이 사냥에 나선다.

길앞잡이, 딱정벌레, 먼지벌레 같은 딱정벌레상과(上科)에 속하는 곤충들은 땅 위에서 삶을 꾸려 가는 딱정벌레들로 산길에서 쉽게 만날 수 있다. 이들은 땅에서 먹잇감을 잡기에 알맞도록 다리가 잘 발달되어 있어서 어떤 곤충보다도 더 빠르게 걸어갈 수 있다. 이 때문에 이들을 '보행충'이라고 부른다.

길앞잡이, 딱정벌레, 먼지벌레는 육식성 딱정벌레의 대표로서 개미나 매미 같은 곤충이나, 달팽이나 지렁이 같은 작은 동물들을 잡아먹는다. 길앞잡이는 '주행성 곤충'으로 낮에 주로 활동하지만 딱정벌레와 먼지벌레 같은 '야행성 곤충'들은 낮에는 땅속에 숨어서 휴식을 하고 밤이 되면 활동을 시작한다.

산길 위에서 만날 수 있는 딱정벌레상과의 딱정벌레들과는 달리 송장벌레, 반날개 같은 반날개상과에 속하는 딱정벌레들은 땅속이나 땅속 세계로 들어가는 입구에서 살고 있다.

송장벌레는 썩은 고기를 먹는 부육성 곤충의 대명사로 죽은 쥐를 파묻어 놓고 먹이로 삼는다. 그래서 '매장충'이라고도 한다. 산에서 혹시 죽은 동물을 보면 그 근처에는 반드시 자연의 청소

부인 송장벌레가 있다.

반날개는 주로 낙엽과 토양 속에서 작은 생물을 잡아먹으며 살아가는 딱정벌레로 딱지날개(딱정벌레의 딱딱한 앞날개로 '시초'라고도 하며 영어로 elytra라고 한다.)가 배 부분을 반밖에 덮지 못하기 때문에 다른 딱정벌레들과는 확연히 구별된다. 기름진 부엽토가 쌓여 있는 곳이면 반날개가 나타나 작은 곤충을 잡아먹는다.

딱정벌레상과와 반날개상과에 속하는 길앞잡이, 딱정벌레, 먼지벌레, 송장벌레, 반날개는 주로 땅과 땅속을 생활 터전으로 삼아 살아간다. 그렇기에 땅에서 쉽게 이들을 만날 수 있다. 그러면 지금부터 땅에서 사는 딱정벌레의 왕국으로 여행을 떠나 보자.

아이누길앞잡이

학명	*Cicindela gemmata*
서식지	강이나 하천처럼 모래밭을 낀 물가의 길.
활동기	4월과 9월 사이.
몸길이	16~19밀리미터.
분포	한국, 일본, 시베리아 등지.
특징	등 쪽은 녹갈색이며 배 쪽은 청록색이다. 딱지날개 위에 노란색 무늬가 아래위로 있는데, 둥근 점으로 된 무늬 두 쌍이 좌우로 있고 가운데에는 갈매기 모양의 무늬가 좌우 한 쌍이 있다.
생태	주로 산길을 따라서 날아다니며 앞으로 날기를 반복하여 길을 안내하는 듯한 행동 때문에 '길앞잡이'라는 이름이 붙었다. 육식성 곤충으로 개미 같은 곤충을 잡아먹으며 생활한다. 유충은 명주잠자리 유충인 개미지옥과 비슷하기에 개미귀신이라고 불리는데, 원통형 터널을 파고 그곳을 지나가는 개미 등을 잡아먹는다.

산길에서 만난 친구 – 길앞잡이

친구와 함께하면 영화를 보러 가도 즐겁고 여행을 떠나도 외롭지 않고 음식을 먹어도 맛이 더 좋다. 마찬가지로 곤충 채집도 친구와 함께 가면 혼자서 가는 길보다 더 즐겁다. 그렇지만 간혹 혼자서 채집을 떠나게 되는 경우가 생긴다. 그럴 때면 심심하기도 하여 내심 길동무 한 사람 있으면 좋겠다는 생각이 들곤 한다. 그런 바람을 안고 산길을 걸어가다 보면 어느새 딱정벌레 하나가 길동무를 해 주려는 듯 내 앞으로 날아온다.

1. 평범한 산길이지만 길 옆의 수풀과 개울에는 거대한 딱정벌레 왕국이 펼쳐져 있다(사진: 한영식).

채집에 한창 흥미를 붙여 가던 1993년의 어느 봄날이었다. 춘천호를 따라서 뻗은 도로를 신나게 달려가는 버스에 몸을 실었다. 따뜻한 햇살을 맞은 탓인지 넋 놓고 창밖의 풍경을 바라보았다. 창틈 사이로 들어오는 공기가 그렇게 상쾌할 수 없었다. 청바지에 채집용 조끼를 입고 머리에는 모자를 푹 눌러썼다. 가방에는 야식집에서 사온 김밥과 빵 같은 간단한 점심거리를 넣고 채집한 식물을 담을 반으로 자른 쌀 포대와 전지가위, 야삽을 한 개씩 넣었다. 식물분류학 야외 실습을 가는 길이었다.

그렇지만 다른 친구들과는 달리 나는 필름통을 가져갔다. 딱정벌레를 채집하기 위한 채집통이었다. 채집 도구라고 해 봤자 이것이 전부였지만 채집을 위해서 꼭꼭 주머니에 챙겨 넣었다. 채집통은 딱정벌레 채집가의 기본 도구이다. 이윽고 버스는 종점인 용화산에 도착을 했고 우리는 산길을 따라 올라가면서 현장 학습과 식물 채집을 했다. 산길 옆으로는 시냇물이 흐르고 있었고 무성한 잡목림도 있었다. 그 길에서 걸음을 옮길 때마다 따라오라며 길을 안내해 주는 산길 위의 친구, 길앞잡이를 만날 수 있었다.

보행충의 먹이 사냥

잘 나는 아이누길앞잡이를 맨손으로 잡는 것은 쉽지 않았다. 아이누 길앞잡이는 걸어가서 잡으려고 하면 바짝 다가서기도 전에 앞으로 3~5미터 정도 날아가 앉는다. 또 잡으려고 발을 내딛는 순간 또 앞으로 날아가 앉는다. 마치 내가 어디로 가는지 알고 길을 안내하는 것 같은 그 모양이 너무나도 신기했다. '길앞잡이'라는 이름이 바로 이러한 행동에서 유래됐다.

　소리를 지르며 달려가 봤지만 헛수고였다. 마치 단거리 선수들이 하는 왕복 달리기 훈련같이 멈췄다가 달리기를 반복했다. 아이누길 앞잡이가 앞으로 날아가서 앉는 시간보다 더 빨리 달려야 했다. 포충망도 없어서 쓰고 있던 모자를 벗어들고 아이누길앞잡이를 따라 1시간여를 달렸다. 야외 실습 나왔다는 사실은 잊어버린 채 아이누길앞잡이를 쫓아갔다. 앉았다가 다시 날아가기를 반복하는 아이누길앞잡이를 때려서 잡아 보려고 몇 번이고 몇 번이고 모자를 휘둘렀다. 드디어 길앞잡이도 지쳤는지 움직임이 둔해지기 시작했다. 날아오르는 타이밍을 잡아 득달같이 달려가 모자를 휘둘렀다. 모자에 맞은 길앞잡이는 정신을 잃고 추락했다. 딱정벌레 채집을 시작하고 나

서 처음으로 아이누길앞잡이를 채집한 것이다.

길앞잡이는 길앞잡잇과(Cicindelidae)에 속하는 딱정벌레로 전 세계적으로 2500여 종, 우리나라에는 18종이 서식하는 것으로 알려져 있다. 양지바른 산길, 강변, 섬들의 모래밭, 풀이 없는 지면 등을 날아다니며 살아가는 딱정벌레로 빠른 발을 이용하여 다른 곤충을 잡아먹는 육식성 딱정벌레이다. 이 길앞잡이는 '호랑이 딱정벌레(Tiger Beetle)'라는 영어 이름처럼 성질이 아주 사납다. 그리고 다른 곤충을 잡아먹기 위한 큰 턱이 매우 발달되어 있다. 이 날카롭고 억센 턱으로 먹잇감을 사냥하는 것이다.

육식성 곤충의 대명사인 길앞잡이는 애벌레도 턱이 발달되어 있는데, 이 턱으로 개미 같은 곤충을 잡아먹고 산다. 길앞잡이 애벌레가 사는 곳은 깨끗한 물가의 모래밭이다. 애벌레는 이 모래밭에 구멍을 뚫고 함정을 만든다. 명주잠자리 애벌레인 개미지옥이 함정을 이용해 개미를 잡아먹는 것처럼 길앞잡이 애벌레도 함정을 파 개미를 잡아먹는다. 그래서 '개미귀신'이라 불린다. 원반 모양의 머리를 가진 이 개미귀신은 기다란 원통형 터널을 만들고 터널 속에 숨어서 함정에 먹잇감이 걸리기만을 기다린다. 개미 같은 먹잇감이 터널

1. 아이누길앞잡이는 날카로운 턱을 이용해 다른 곤충들을 잡아먹는다.

2. 아이누길앞잡이는 애벌레도 날카롭고 억센 턱을 가지고 있다. 모래밭에 파 놓은 함정 근처를 지나가는 곤충을 잡아먹는다.

3. 아이누길앞잡이의 애벌레.

1

근처를 지나가면 몸을 뒤로 젖혀서 큰 턱을 이용하여 단숨에 잡아먹는다.

길앞잡이 성충의 큰 턱은 상당히 날카로운데, 포충망으로 채집한 길앞잡이를 채집통에 넣을 때 실수로 물리기라도 하면 상당히 아프고 때로는 피가 나기도 한다.

큰 개미가 많은 곳을 보면, 먹잇감을 노리면서 갸웃갸웃 고갯짓하는 길앞잡이를 볼 수 있다. 개미 무리 중에서 맘에 드는 먹잇감을 고른 길앞잡이는 장기인 빠른 발을 이용하여 지체 없이 달려가서 커다란 턱으로 개미 몸통을 자른 다음 맛있게 식사를 한다. 빠르게 달려가는 모습이 흡사 먹잇감을 쫓는 초원 지대의 야생 치타를 보는 것 같다. 그리고 길앞잡이는 큰 턱을 먹이 사냥에 이용하기도 하지만, 짝짓기를 할 때에도 유용하게 사용한다. 짝짓기할 때에는 큰 턱으로 상대방이 도망가지 못하도록 꼭 잡는다. 사랑하는 사람을 꼭 껴안는 것처럼 보인다.

길앞잡이는 매우 빠른 육식성 곤충이며, 날아다니는 곤충이 아니라면 길앞잡이의 빠른 발을 따라잡지 못한다. 그런데 길앞잡이의 사냥 습관을 보면 매우 특이한 것을 발견할 수 있다. 먹이를 쫓아갈 때 자주 멈칫멈칫 쉰다는 것이다. 길앞잡이의 사냥 습관에 대해서 오랫동안 연구해 온 코넬 대학교의 곤충학자 콜 길버트(Cole Gilbert)의 최근 연구에 따르면 길앞잡이의 일종인 키킨델라 레판다(*Cicindela repanda*)는 발이 너무 빨라서 시력을 관장하는 뇌가 쫓아가지 못한다고 한다. 즉 발보다 머리 회전이 늦어서 이동한 다음 순간적으로 앞이 안 보이기 때문에 먹이가 다시 보일 때까지 잠시 쉰다는 것이

다. 길버트는 컴퓨터로 사이버 길앞잡이와 먹이 곤충을 만든 다음 길앞잡이의 사냥 습관을 연구했는데, 그 결과 먹이 곤충이 도망가다가 갑자기 길을 바꾸면 길앞잡이는 그것을 눈치 채지 못하고 무조건 앞으로만 달려간다는 것이다. 머리 회전보다 걸음이 더 빠른 것이니 얼마나 빨리 움직이는지 짐작할 수 있을 것이다.

1. 먹이를 찾는 참길앞잡이(*Cicindela transbaicalica*).

2~3. 화려한 몸빛을 가진 (비단)길앞잡이는 딱정벌레 왕국의 뛰어난 비행사이다.

비단 마후라를 두른 비행사

딱정벌레들은 갑옷같이 딱딱한 '딱지날개'를 가지고 있기 때문에 가벼운 두 쌍의 날개로 자유자재로 날아다니는 나비나 벌 같은 다른 곤충들보다 잘 날지는 못한다. 그렇지만 길앞잡이만은 예외이다.

길앞잡이는 딱정벌레 중에서 가장 뛰어난 비행사로 이름이 높다. 앞에서 살펴본 아이누길앞잡이보다 (비단)길앞잡이(*Cicindela chinensis*)가 더 잘 난다. 화려한 몸빛을 자랑하며 빠르게 날아가는 (비단)길앞잡이는 앞에서처럼 모자로 적당히 잡을 수 있는 딱정벌레가 아니다. 포충망을 가지고 가야 잡을 수 있을 정도로 비행 능력이 뛰어난 비행사이다. 비단보다 화려한 푸른색과 붉은색이 혼합된 몸빛 때문에 예전에는 비단이라는 단어를 넣어서 불렀는데 요새는 '길앞잡이'라고만 하는 경우가 대부분이다. 아이누길앞잡이가 사람이 지나가면 앞으로만 5미터 정도 날아가서 앉는 것과 달리, (비단)길앞잡이는 산길에서 숲 쪽으로 날아 올랐다가 포물선을 그리며 다시 산길 쪽으로 돌아와 앞쪽에 앉는 것이 보통이다. 포물선을 그릴 때 대개 15~20미터 이상 멀리 돌기 때문에 채집을 처음 하는 사람들은 한번 놓치면 포기하기 십상이다. 그렇지만 그렇게 지레 채집을 포기하는 것은 성급한 일이다.

나비를 채집할 때 가장 많이 사용하는 방법이 나비를 처음 본 자리에서 가만히 계속 기다리는 것이다. 나비는 다니는 길이 정해져 있기 때문에 조금만 기다리면 처음 본 장소를 다시 지나가게 마련이다. 마찬가지로 아이누길앞잡이든 비단길앞잡이든 길앞잡이도 날아다니는 경로가 정해져 있다. 그래서 길앞잡이를 본 장소에서 계속 기다리면 다시 날아오기 때문에 쉽게 채집을 할 수 있다. 곤충 채집에는 꾸준히 기다리는 인내심이 필요하다.

아이누길앞잡이의 무서운 식성

모래를 담은 사육함에 아이누길앞잡이를 넣고 사육한 적이 있다. 며칠 동안 아침부터 저녁까지 밥 먹는 시간만 빼고는 사육함만 뚫어지게 바라봤다. 가장 먼저 눈에 띈 것은 그 식성이었다. 20여 마리의 아이누길앞잡이를 채집해 사육함에 넣어 두고 파리와 개미 같은 곤충들, 그리고 잎벌레 같은 딱정벌레를 먹이로 넣어 주었다. 파리와 개미는 물론 단단한 딱지날개를 가진 잎벌레조차도 한 조각 남기지 않고 다 먹어 치웠다. 무서운 식성이었다.

그 다음에 발견한 것은 그 활동성이었다. 길앞잡이 같은 곤충들은

변온동물이기 때문에 체온이 떨어지는 아침에는 힘없이 이리저리
비틀거린다. 햇빛이 잘 드는 곳으로 사육함을 옮겨 놓으면, 길앞잡
이는 한자리에 가만히 앉아서 체온이 올라가기를 기다린다. 햇빛을
받아서 체온이 올라가면 길앞잡이는 밖으로 나가기 위해서 사육함
의 뚜껑에 부딪치기를 반복한다. 생각해 보라. 비행사를 가둬 놨으
니 얼마나 갑갑하겠는가? 집에서 혹시 외출 금지 같은 벌을 받아 본
사람은 이 심정을 충분히 이해하리라.

아이누길앞잡이의 눈먼 사랑

한참 부딪치기를 반복하더니 결국 포기하고 만다. 저 작은 딱정벌
레도 체념이라는 것을 아는 것일까? 이번에는 발 빠르게 사육함 속
을 돌아다닌다. 그러다 가만히 제자리에 머무르면서 고개만 갸웃거
린다. 무엇을 하려나 봤더니 사랑을 나눌 상대를 찾는 것이다. 길
앞잡이의 수컷은 암컷이든 수컷이든 길앞잡이만 만나면 무조건 긴

다리를 이용하여 상대 몸을 감싸 안으며 덮친다. 그러고 나서 길앞잡이는 배 끝에서 생식기를 내밀어 상대방의 산란관에 주입하기 시작한다. 인간 세상이라면 강간범으로 취급받을 행패이다. 게다가 독점욕도 강하기 그지없다. 아이누길앞잡이는 다른 수컷 길앞잡이가 암컷을 차지하고 있으면 다가가 시비를 건다. 이것은 곧바로 수컷끼리의 결투로 이어진다.

길앞잡이는 만나는 암컷마다 무조건 사랑을 애걸한다. 한 암컷에게 거절당하자마자 다시 긴 다리를 이용하여 경주하듯 다른 암컷에게 달려가 사랑을 구걸하기 시작한다. 에티켓도 없고 지조도 없고 독점욕만 강한 길앞잡이의 막무가내 사랑 찾기를 본 나는 장난기 어린 호기심이 발동했고, 시험 삼아 풍뎅이 몇 마리를 사육함에 넣었다. 그런데 이게 웬일인가? 풍뎅이를 잡고 생식기를 밀어 넣으려고 했다. 정말 성질 급한 친구였다. 아이누길앞잡이는 왜 이렇게 막무가내로 사랑을 구하는 것일까?

딱정벌레 중에는 군집을 이루며 집단 발생하는 종류와, 넓은 활동 범위에서 살아가는 종류가 있다. 예를 들어, 잎에서 사는 딱정벌레들은 서식지가 되는 기주 식물에 알을 낳고, 알에서 깨어난 애벌레가 기주 식물을 먹고 자라서 번데기가 되고, 우화(羽化)한 성충이 그 식물 주변에서 짝짓기를 하고 다시 기주 식물에 알을 낳는다. 짝짓기 상대를 찾는 데 곤란할 일이 없다.

그러나 길앞잡이는 튼튼한 날개와 빠른 발을 가지고 있기 때문에 다른 딱정벌레에 비해서 활동 범위가 상당히 넓다. 그렇기 때문에 잎벌레처럼 자신의 짝을 만나기가 쉽지 않을 수도 있다. 그래서 이렇게 비슷한 곤충을 보면 짝을 지으려고 무조건 짝짓기를 시도하는 것이 아닐까 하는 생각이 든다.

홍단딱정벌레

학명	*Damaster smaragdinius*
서식지	부엽토가 쌓인 야산이나 들.
활동기	4월과 10월 사이.
몸길이	25~45밀리미터.
분포	한국, 시베리아, 몽고, 중국 등지.
특징	몸 전체는 구릿빛 광택을 띠지만, 다리는 검은색이다.
생태	달팽이, 지렁이 등의 작은 동물을 잡아먹는다. 뒷날개가 퇴화되어 날지는 못하지만 땅 위를 매우 빠르게 걸어다닌다. 나무 위에 기어 올라가 사냥을 하기도 한다.

한여름 밤의 사냥꾼 –딱정벌레

"설탕보다 더 달콤한 설탕 수박이 왔어요. 수박이오." 수박 장수 아저씨의 카랑카랑한 목소리가 계속되면 여름밤이 어느새 무르익는다. 1995년의 여름밤, 여느 때와 같이 나는 더위에 지친 목을 수박으로 달래고 있었다. 밤 9시가 넘어도 식지 않은 찌는 듯한 열대야가 집에 붙어 있는 나를 밖으로 몰아냈다.

자전거를 타고 신나게 돌아다니다 보니 열대야의 더위도 식는 것 같았다. 그러다가 청소년 회관으로 향했다. 예전에 가로등 불빛에 모여든 곤충을 채집한 적이 있어서 가로등이 많은 그곳을 그냥 지나칠 수 없었다. 회관이 들어선 지 오래되지 않았고 뒤편은 산으로 둘러싸여 있기에 많은 곤충을 볼 수 있을 거라고 생각하여 자전거 페달을 보다 세게 밟았다. 어둠이 내려앉은 산 밑에 가로등 불빛만 보였다. 가까운 가로등 아래로 빨리 가 보았다. 아무것도 없었다. 그러나 실망하기는 일렀다. 다른 가로등 불빛을 향해 페달을 밟았다. 자연이 나의 열정을 알아줬는지, 한번도 보지 못했던 포식자를 가로등 불빛 아래에서 만날 수 있었다.

날개가 퇴화된 보행충

불빛 아래의 포식자는 다름이 아니라 바로 큰명주딱정벌레(*Campalita chinense*)였다. 딱정벌레는 딱정벌렛과(Carabidae)에 속하는 육식성 곤충으로 전 세계적으로 1만여 종이 있다고 하며 우리나라에서는 400종 정도가 확인되었다. 딱정벌레들은 대부분이 땅 위를 걸어 다니기 때문에 '땅 딱정벌레(Ground Beetles)'라고 불린다. 야행성 종류들이 대부분이며 길앞잡이처럼 발달된 다리와 턱으로 다른 곤충들을 잡아

먹으며 밤길을 지배한다.

딱정벌렛과의 딱정벌레들은 대부분 속날개가 퇴화되어서 아예 없거나, 날 수 없는 실 모양으로 되어 있다. 또 딱지날개가 있지만 딱지날개 사이가 봉합되어 있어 날지 못하는 종류들이 대부분이다. 그래서 빠른 걸음을 이용하여 돌아다니며 주변의 곤충이나 달팽이나 지렁이를 큰 턱으로 잡아먹는다. 대표적인 종류로는 큰명주딱정벌레 외에도 홍단딱정벌레, 멋쟁이딱정벌레(*Damaster jankowskii*), 멋조롱박딱정벌레(*Damaster mirabilissimus mirabilissimus*) 등이 있다.

대부분의 딱정벌레들은 날지 못하기 때문에 먼 곳으로 이동할 수는 없다. 그래서 주변에 강이 있으면 강이 딱정벌레의 이동을 가로막기 때문에 강을 사이에 둔 종류들은 서로 섞이지 않는다. 오랜 세월이 지나면 이러한 지리적 격리 현상에 따른 변이가 더 두드러지고 전혀 다른 종으로 진화하게 되어 아종이나 변종이 나타난다. 우리나라와 일본도 예전에는 연결되어 있었지만 오랜 시간 동안의 격리로 서로 다른 딱정벌레 종 분화가 이루어졌다. 그래서 우리나라와 일본의 딱정벌레는 아종과 변종이 각기 다르다.

1. 숲 근처의 가로등에는 밤만 되면 딱정벌레들을 비롯한 수많은 곤충이 몰려든다.
2. 육식성 딱정벌레의 대명사 큰명주딱정벌레.
3. 큰명주딱정벌레의 턱은 사냥에 적합하도록 잘 발달되어 있다. 이 턱으로 곤충은 물론 자신보다 큰 달팽이나 지렁이도 잡아먹는다.

풀색명주딱정벌레의 식사 시간

그러나 큰명주딱정벌레는 다른 딱정벌레들과는 달리 뒷날개가 발달되어 있기 때문에 전등 불빛 쪽으로 잘 날아온다. 나는 큰명주딱정벌레를 잡고 싶다는 마음이 앞서 손을 뻗었지만 상당히 빠른 발을 이용하여 뛰어가듯 피해 버렸다. 그러다가 손으로 잡으면 방어 기작으로 지독한 냄새가 나는 체액을 분비한다는 사실이 기억나서 항상 가지고 다니는 채집통을 꺼내 여기저기에 막 가져다 댔다. 워낙 발이 빠른지라 한바탕 소동을 피우고서야 겨우 채집을 할 수 있었다.

　나중에 채집을 많이 해 본 후에 안 요령이 하나 있다. 발 빠른 딱정벌레나 먼지벌레를 쉽게 채집하려면 걸어가는 방향의 앞쪽에 채집통을 갖다대면 된다. 그러면 꼭 채집통에 빨려 들어가는 것처럼 안으로 쏙 들어가기 때문에 쉽게 채집할 수 있다.

　일단 한 마리 잡고 주위를 둘러보니 가로등 아래에서 풀색명주딱정벌레(*Calosoma inquisitor cyanescens*)가 한창 식사하고 있는 게 보였다. 자기보다 덩치가 더 큰 매미를 통째로 먹고 있었다. 벌써 매미의 머리는 보이지 않았고 몸통만 조금 남아 있었다. 밤의 적막 속이라 그랬는지 큰 턱으로 매미를 씹어 먹는 소리가 사각사각 사과 먹는 소리처럼 상당히 크게 들렸다. 한참 동안 풀색명주딱정벌레의 식사를 지켜보다가 조용히 채집통을 가져다 댔다. 하지만 풀색명주딱정벌레는 나의 존재를 알지도 못한 채 식사에만 몰두하고 있었다.

1. 풀색명주딱정벌레의 억센 턱.
2. 환경부 보호종인 멋조롱박딱정벌레.
3. 딱지날개가 아름다운 멋쟁이딱정벌레.

▼ 사냥물을 먹고 있는 풀색명주딱정벌레.

　풀색명주딱정벌레가 육식성이라는 사실은 책을 통해서 알고는 있
었지만 자기보다 더 큰 매미를 잡아먹을 줄은 정말로 몰랐다. 풀색명
주딱정벌레들은 대부분이 나비나 나방 종류의 애벌레처럼 자기보다
작은 곤충을 잡아먹는 것이 보통이라고 알고 있었던 나에게 이것은
매우 특이한 경험이었다.

폭탄먼지벌레

학명	*Pheropsophus jessoensis*
서식지	산 속의 습한 땅.
활동기	6월과 8월 사이.
몸길이	11~18밀리미터.
분포	한국, 중국, 일본 등.
특징	몸통은 검은색이지만 머리, 가슴, 다리는 노란색이다. 머리의 중앙과 앞가슴의 테두리와 딱지날개의 대부분은 검은색이다. 딱지날개에는 물결 모양의 노란색 무늬가 있다.
생태	야행성 딱정벌레로 잡식성이지만 썩은 고기도 먹는다. 습한 지형에 많이 살기 때문에 계곡이나 호수 주변의 산에서 쉽게 만날 수 있다. 위험을 느끼면 독가스를 배출하기 때문에 방귀벌레라고 불리기도 한다. 독가스는 열 번 이상 배출할 수 있다. 강력한 방어 무기를 가진 딱정벌레이다.

딱정벌레 왕국의 화학병 –먼지벌레

"우향 앞으로 가!" "좌향 앞으로 가!" 같은 구령에 따라 모형 소총을 들고 땡볕 아래에서 제식 훈련을 받아야 했던 고등학교 교련 시간. 지금 고등학생들은 잘 모르겠지만 10여 년 전에 고등학교를 다녔던 사람들은 교련 시간 하면 한두 가지 추억이 떠오를 것이다. 복장 불량으로 기합받던 일, 총검술 훈련으로 온몸이 땀으로 범벅이 된 일, 훈련받다가 오뉴월 뙤약볕에 새카맣게 탄 일 등.

비가 부슬부슬 내리면 교실에서 화생방 수업을 했다. "독가스!" 선생님이 구령을 외치면 우리는 10초 안에 방독면을 써야 했다. 우리는 차례대로 나가서 방독면 쓰기 훈련을 했지만 처음 쓰는 것이라서 너무나도 서툴러 선생님께 야단을 맞기도 했다. 독가스를 방어 무기로 쓰는 폭탄먼지벌레를 채집하면서 고등학교 시절 교련 시간이 갑자기 떠올랐다.

1993년 여름 강원 대학교 딱정벌레 동아리 비틀스 회원들을 태운 버스가 의암호 옆으로 뻗은 길을 달리고 있었다. 비틀스의 1993년 여름 단기 채집 여행이었다. 버스가 목적지에 도착했고 우리는 마을 입구에서 내렸다. 야영할 마을까지는 아직 많이 남았지만 마을 입구에서부터 걸어가면서 채집을 하기로 했다. 어깨에는 배낭을 메고 왼손에는 텐트를 들고 오른손에는 먹을거리를 들고 시골길을 따라 걷기 시작했다. 그 와중에도 풀이 가득한 길가를 유심히 살피며 딱정벌레를 찾았다. 그러다 보니 어느새 텐트를 설치하기로 점찍어 둔 장소에 도착했다.

조를 나누어 텐트를 치고 밥을 하고 삼겹살을 구웠다. 우리는 채집을 갈 때면 항상 삼겹살과 포도주를 가져갔다. 무거운 것을 들고

1. 등빨간먼지벌레와 구슬무당거저리가 전날 설치해
둔 함정에 빠져 있다

오느라 소모한 체력을 보충하고, 썩은 고기나 포도주에 설탕을 섞은 당밀을 먹는 딱정벌레와 먼지벌레, 송장벌레 등을 채집하기 위한 미끼로 쓰기 위해서였다. 따가운 햇볕에 삼겹살을 놓아두면 고기가 썩는다. 유리병 안에 썩은 고기나 당밀을 넣고 입구가 지면과 똑같은 높이가 되게 묻어 놓으면 지나가던 딱정벌레나 먼지벌레, 송장벌레들이 고기를 먹기 위하여 모여들어 함정 안에 빠진다. 그러나 다들 한창 젊은 때라 그런지 고기를 굽다 보면 이것을 무엇을 위해 가져왔는지 모를 정도로 정신없이 먹게 되었다. 그때마다 내가 먹을 몫에서 미끼용 고기를 따로 챙겨야 했다.

저녁 식사를 마친 우리는 해가 지자 함정 채집을 시작했다. 유리병에 썩은 삼겹살과 포도주를 넣고 그것을 딱정벌레가 다닐 만한 장소에 묻으러 이리저리 흩어졌다. 나무가 우거진 숲, 저수지 근처의 자갈밭, 산비탈처럼 딱정벌레가 많을 것 같은 여러 장소에 50여 개의 유리병을 묻었다. 썩은 고기의 냄새가 너무나 지독했지만 딱정벌레를 채집하겠다는 일념으로 냄새를 참아 가며 함정을 설치했다. 그러고는 기다리기만 하면 되었다. 텐트에서 이야기꽃을 피우며 물 흐르는 소리를 음악 삼아 잠을 청했다.

아침이 되었다. 밥 먹기도 전에 궁금증을 참지 못하고 저녁에 함정을 묻어 놓은 곳으로 달려갔다. 밤새 많은 딱정벌레가 함정에 걸려 있기를 바라며 유리병을 흙에서 파냈다. 그때 유리병 속에서 뻥하며 폭탄 터지는 소리가 났다. 딱정벌레 세계의 화학병 방귀벌레를 만난 순간이었다.

폭탄을 쏘는 방귀벌레

유리병 안에는 한두 마리가 아닌 수십 마리의 폭탄먼지벌레가 들어 있었다. 냄새 또한 독했다. 썩은 고기의 냄새에 폭탄먼지벌레가 방출한 가스 냄새까지 섞여 뭐라 말할 수 없는 지독한 냄새가 났지만 잡았다는 기쁨에 유리병 속에 손을 넣어 한 마리씩 채집통으로 옮겨 담기 시작했다. 운이 좋았는지 설치한 함정마다 폭탄먼지벌레를 비롯한 딱정벌레들이 들어 있었다. 가져간 채집통이 모자라서 어쩔 수 없이 냄새나는 병을 함정째로 들고 가기로 했다. 그래도 기쁜 마음을 주체할 수 없었다.

폭탄먼지벌레는 예전에는 방귀벌레라고 불렸지만, 고열의 폭탄을 방출하여 적으로부터 자신을 보호한다는 사실이 밝혀졌기 때문에 요새는 폭탄먼지벌레라는 이름으로 불린다. 폭탄먼지벌레의 몸 안에는 하이드로퀴논과 과산화수소 같은 방어 물질을 저장하는 저장 기관이 있다. 저장 기관의 물질들이 반응실로 조금씩 전달되면 반응실에서는 효소를 이용해 퀴논과 물과 산소를 만든다. 폭탄먼지벌레는 이렇게 만들어진 퀴논과 물과 산소를 한꺼번에 방출한다. 이때 나오는 산소 때문에 폭발음이 생기는 것이다. 폭탄먼지벌레는 적이 나타나면 적의 접근을 막고 위험에서 벗어나기 위하여 몸 안에서 만든 생체 폭탄을 방귀처럼 꽁무니에서 배출한다. 신기한 것은 한두 번만 배출하는 것이 아니라 열 번을 넘도록 계속해서 배출할 수 있다는 것이다.

폭탄먼지벌레는 폭탄먼지벌레아과(Brachininae)에 속하는 딱정벌레로 목가는먼지벌레(*Galerita orientalis*)와 폭탄먼지벌레가 이 아과에 속한다. 그리고 우리나라에서는 모두 6종이 알려져 있다. 이들은 다 꽁무니에서 먼지 폭탄을 쏘는 화학적인 방어 기작으로 자신의 몸을 보호한다.

가는조롱박먼지벌레

폭탄먼지벌레 채집 후에 아침을 먹고 바로 주간 채집에 들어갔다. 먼지벌레는 먼지처럼 작은 곤충을 먹고산다고 해서 붙은 이름이지만, 실제로 곤충만 먹고사는 것은 아니다. 먹이와 습성은 물론 서식지도 종마다 다 다르다. 먼지벌레는 육식성이 대부분이지만 식물만을 먹는 채식성 종도 있고 잡식성 종도 있다. 그런 먼지벌레를 채집하기 위해서는 여기저기 땅을 파고 주변의 돌을 들추며 온갖 장소를 찾아봐야 한다. 폭탄먼지벌레를 함정 채집법으로 채집한 다음 저수지 근처 산비탈의 흙에서 또 다른 먼지벌레를 만났다. 땅속 딱정벌레를 채집하려고 흙을 파다가 보니 그 속에 가는조롱박먼지벌레(Scarites acutidens)가 있었다.

가는조롱박먼지벌레는 조롱박먼지벌레아과(Scaritinae)에 속하며 모래가 많은 해안가에서 흔하게 발견되는 해양성 딱정벌레이다. 조롱박먼지벌레아과의 딱정벌레들은 우리나라에 10여 종이 알려져 있으며 낮에는 모래 속에 숨어 있다가 밤이 되면 활동을 하면서 다른 곤충을 잡아먹는다. 처음으로 가는조롱박먼지벌레를 채집했을 때에는 사슴벌레의 변이가 아닌가 할 정도로 크게 발달된 턱에 감탄하지 않을 수 없었다. 특이하게도 이번에는 해안가가 아닌 저수지 근처에서 채집할 수 있었다. 아마 꼭 해안가가 아니더라도 고운 모래가 있는 곳이면 민물이 흐르는 물가에서도 서식하는 것으로 보인다.

난 죽었으니까 건들지 마

가는조롱박먼지벌레를 처음 보았을 때에는 죽어 있는 줄만 알았다. 꼼짝도 하지 않고 가만히 다리를 오므리고 있는 모양이 죽은 벌레와 똑같았다. 그렇지만 그것은 의사(疑死) 행동이었다. 의사 행동은 일

종의 방어 행동으로 위험을 감지한 곤충이 죽은 척 하며 움직이지 않는 것을 말한다. 자신은 먹잇감이 아니니 가만 놔두라는 식이다. 이러한 행동은 살아 움직이는 먹이를 좋아하는 천적을 속이는 데 큰 효과를 발휘한다.

딱정벌레의 방어 행동에는 날개를 이용하여 날아가는 비상, 방아벌레나 벼룩잎벌레처럼 높이 뛰어올라 달아나는 도피, 바구미나 비단벌레처럼 죽은 듯이 아래로 떨어지는 추락, 조롱박먼지벌레처럼 죽은 척 하는 의사 행동 등이 있다. 그리고 폭탄먼지벌레처럼 독가스 폭탄을 사용하여 천적을 적극적으로 쫓는 부류도 있다. 이렇게 딱정벌레들은 다양한 종류만큼 여러 가지의 방어 수단을 갖추고 있다. 이 다양한 방어 수단들은 딱정벌레가 지구상에서 가장 번성한 동물이 될 수 있었던 비결일지도 모른다.

지금처럼 변화무쌍한 세상에서는 자기 한몸 지키기가 상당히 어렵다. 자신을 방어하기 위하여 폭탄먼지벌레처럼 남에게 독가스를 쏘아 대거나 가는조롱박먼지벌레처럼 가만히 죽은 척 할 수도 있을 것이다. 나는 세상의 변화에 어떻게 대응하고 있을까? 과연 어떻게 '폭탄먼지벌레가 될 것인지, 아니면 가는조롱박먼지벌레가 될 것인지' 현명한 판단을 내릴 수 있을까?

1~3. 딱정벌레의 의사 행동. 왼쪽부터 잎벌레류(사진: 한영식), 아무르납작풍뎅이붙이, 검정송장벌레이다.
◀ 사슴벌레처럼 큰 턱을 가진 가는조롱박먼지벌레의 표본.

검정송장벌레

학명	*Nicrophorus concolor*
서식지	동물의 사체가 있는 산.
활동기	4월과 10월 사이.
몸길이	25~45밀리미터.
분포	한국, 일본, 중국 등지.
특징	전체적으로 몸빛이 검지만, 더듬이의 마지막 세 마디는 황적색이다.
생태	동물의 사체를 먹어 치우는 자연의 청소부로, 적당한 사체를 찾으면 땅속에 묻고 그곳에서 짝짓기를 하고 알을 낳는다. 알을 까고 나온 애벌레는 그 사체를 먹고 자란다.

자연의 청소부 —송장벌레와 반날개

현수막을 건다, 천막을 친다, 공연 무대를 만든다 하여 학교가 시끌
벅적했다. 다음 날부터 시작될 1996년 여름 축제 준비로 분주했다.
삼삼오오 모여 누구랑 파트너가 되어 축제에 가야 한다는 둥, 용돈
을 벌기 위해서 무슨 장사를 해야 한다는 둥 말도 많았다. 그런데 학
교 한 모퉁이에는 축제와는 상관없는 또 다른 세계의 이야기로 웃음
꽃을 피우는 학생들이 있었다. 그들은 '비틀스'라는 딱정벌레 동아
리의 회원들이었고 다음 날부터 있을 채집 여행 생각에 축제는 뒷전
이었다.

비틀스는 1993년에 결성된 딱정벌레 채집 동아리로, 딱정벌레를
채집하여 그 분류와 생태를 연구하는 강원 대학교 생명과학부 내의
모임이다. 우리나라의 순수 과학 연구 환경은 너무나도 열악하다.
이것이 어제오늘의 일은 아니지만 곤충강의 가장 큰 무리인 딱정벌
레에 대한 연구조차 변변치 않다. 1993년경에는 관련 서적이 너무나
도 적고 쓸 만한 도감 하나 없었다. 이런 상황에서 딱정벌레를 좋아
하는 학생들이 모여 반은 오기로, 반은 애정으로 동아리를 시작했
다. 제대로 된 도감을 비틀스의 이름으로 내는 것을 목표로 삼았다.
시작은 미약했지만 현재는 900여 종의 우리나라 딱정벌레 표본과,
졸업한 회원을 포함하여 100여 명의 회원을 자랑하는 나름대로 큰
딱정벌레 동아리가 되었다.

비틀스 식구들은 강의가 없는 축제 기간을 맞이해 좋은 채집 기회
가 생겼다며 어느 때보다도 신이 나 있었다. 인제군 현리라는 무척
깨끗하기로 소문난 곳으로 채집을 간다고 마음도 한껏 부풀었다. 채
집 일정은 2박 3일간이었다. 나는 비틀스 창립 멤버이자 학부 선배

란 이유로 채집 장소를 섭외하는 일에서부터 교통편을 알아보는 일까지 모조리 도맡아야만 했다. 그러나 동아리 식구들의 기대 어린 표정들을 보면서 준비 기간 동안 생긴 피로와 짜증이 다 사라지는 것 같았다. 다음 날 학교에 모인 비틀스 식구들은 와자지껄 시끄러운 축제를 뒤로하고 춘천 터미널로 향했다. 터미널을 떠난 버스는 홍천으로 향했고 우리는 홍천 터미널에서 현리 행 버스로 갈아탔다. 버스를 내릴 때부터 산 내음이 물씬 풍겼다. 오늘은 어떤 종류의 새로운 딱정벌레들을 만나 볼 수 있을까? 벌써부터 마음이 설레었다.

　채집지에 도착하자마자 짐정리는 뒷전이고 채집부터 나갔다. 마을을 벗어나 폭포가 있는 곳까지 가면서 길 주변의 딱정벌레를 채집했다. 한참을 올라가고 있는데 어디선가 동아리 친구가 부르는 소리에 발걸음을 돌렸다. 그 친구가 일러주는 대로 휴지통을 보니 숲 속의 청소부 300여 마리가 관광객들이 버리고 간 쓰레기를 뒤지며 식사를 즐기고 있었다.

생태계의 청소부

송장벌레는 죽은 동물의 사체, 즉 송장에 모인다고 하여 붙은 이름

4

1~3. 검정송장벌레의 여러 모습.

4. 딱지날개에 주황색 무늬가 있는 넉점박이송장벌
레. 우리나라의 대표적인 송장벌레이다.

이다. 쥐 같은 작은 동물의 사체를 묻고 그곳에 알을 낳아 종족을 번식하는 무리이다. 한번은 비틀스 친구들과 춘천 근교에서 채집하던 중에 차에 치여 죽은 쥐를 본 적이 있었다. 우리는 길 한가운데 있던 쥐를 그냥 지나칠 수 없었다. 처음에는 모두들 쥐를 만지려면 예방접종을 받아야 한다는 둥 유행성 출혈열이 얼마나 무서운지 아느냐는 둥 만지기를 꺼렸지만 호기심을 이기지 못하고 나뭇가지로 쥐의 사체를 뒤집어 보았다. 그곳에도 송장벌레가 있었다.

인간 세계에서 사고가 나면 의사와 구급차가 가장 먼저 달려오지만 자연계에서 사고가 나면 송장벌레가 가장 먼저 달려온다. 넉점박이송장벌레(*Nicrophorus quadripunctatus*)나 검정송장벌레나 작은무늬송장벌레(*Nicrophorus quadratiocollis*) 같은 니크로포루스속(*Nicrophorus*)의 송장벌레는 쥐, 개구리, 도마뱀, 새 같은 동물의 사체를 땅속에 묻어서 분해하는 자연계의 청소부이다. 송장벌레가 '매장충(Burying Beetle)' 이라고 불리는 것도 이런 생태에서 기인한 것이다.

송장벌레 수컷은 동물의 사체를 발견하면 페로몬을 방출하여 암컷을 부르고 그곳에서 짝짓기를 한다. 그리고 암컷은 그 사체에 알을 낳는다. 알을 까고 나온 애벌레들은 그 사체를 먹으면서 자란다.

이다. 최근에는 딱정벌레 종류인 송장벌레와 반날개가 법의학 곤충으로 각광을 받고 있다. 송장벌레는 죽은 지 얼마 안 된 동물 사체에 모이고 반날개는 죽은 지 오래된 사체에 모이기 때문에 사망 시간을 추정하는 데 큰 도움을 준다. 이 자료는 범죄 수사에 매우 긴요하게 사용된다.

반쪽 날개의 청소부

반날개는 반날갯과(Staphylinidae)에 속하는 딱정벌레로 4만 5000종 이상이 기록되어 있는, 지구상에서 가장 번성한 딱정벌레 무리 중의 하나이며 우리나라에는 300여 종이 사는 것으로 확인되었다. 몸길이가 0.5밀리미터에서부터 50밀리미터에 이르기까지 다양하며 물속을 제외한 모든 서식지에서 발견할 수 있다. 대부분은 낙엽 속에서 살고 다른 곤충을 잡아먹는 포식자이다. 사는 곳이 일정하지 않고 여기저기를 떠돌며 유랑 생활을 하기 때문에 '배회성 딱정벌레(Rove Beetle)'라고 불린다. 또 앞에서 말한 것처럼 법의학 곤충으로도 주목받고 있다.

1. 왕반날개(*Creophilus maxillosus*). 딱지날개가 작기 때문에 배를 전부 덮지 못한다.

2. 곳체개미반날개(*Megalopaederus gottschei*). 왕반날개보다 딱지날개가 덮는 영역이 더 적다. 그렇지만 이 속에 커다란 속날개가 감춰져 있다.

반날개는 송장벌레와 더불어 자연계의 유능한 청소부이다. 낙엽이나 사체, 동물의 배설물 등은 그냥 거름이 되는 것은 아니다. 흙속의 미생물과 반날개나 송장벌레 등의 곤충이 그것들을 분해하기 때문에 비옥한 흙이 되는 것이다. 재활용 쓰레기 하나 제대로 처리 못해 쩔쩔 매는 사람들과 달리, 반날개는 자연을 더럽히는 오염 물질을 좋은 거름으로 바꾼다.

작은 딱지날개 속으로 날개를 접는 반날개

반날개는 딱지날개가 배 전체가 아니라 배 반쪽만 덮고 있기 때문에 붙은 이름이다. 반날개를 보면 어딘가 모르게 부족한 듯 보인다. 반날개의 조그마한 딱지날개 속에는 속날개가 감춰져 있는데, 이 속날개를 펴 보면 반날개의 작은 몸에 비해서 상당히 크고 잘 발달되어 있다는 것을 알 수 있다.

반날개가 커다란 속날개를 어떻게 접어서 반 도막 딱지날개 속으로 집어넣는지를 관찰해 보면 자연의 신비에 다시 한번 놀라게 된다. 반날개는 속날개를 집어넣을 때에 먼저 날개의 반을 45도로 한

1. 채집망에 걸린 구리딱부리반날개(*Stenus mercator*).

번 접고 그 접힌 부분의 아래를 또 접는다. 그리고 나서 노출되어 있는 배로 속날개의 나온 부분을 밀어 넣어 자그마한 딱지날개 속으로 속날개를 다 집어넣는다. 반 도막 딱지날개로 그 큰 속날개를 감추는 모양이 신기하기만 하다.

반날개의 딱지날개는 가운데가슴에 연결되어 있으며 속날개는 뒷가슴에 연결되어 있다. 반날개의 배 부분은 밖으로 노출되어 있어서 좀 위험해 보이지만, 손톱의 주성분인 케라틴이 함유되어 있어 단단하다. 또 흙 속 같은 좀 부드러운 곳에서 생활을 하기 때문에 구조적으로는 큰 문제가 되지 않는 것 같다.

예전에는 비 내린 다음 날 아침이면 땅 위로 기어나온 지렁이들을 흔하게 볼 수 있었다. 땅속의 분해자인 지렁이는 도랑만 파도 쉽게 볼 수 있었다. 그러나 요즘에는 산의 흙을 파도 지렁이를 보기 힘들다. 자연환경이 파괴된 탓에 그 수가 줄어든 것이다. 땅속에서는 지렁이와 같은 환형동물 외에도 송장벌레 같은 딱정벌레, 그리고 토양 미생물들이 생태계 먹이사슬의 최종 소비자로서 자연의 자정 작용을 돕고 있다.

동물의 사체에서 우글대는 송장벌레를 보면 정색을 하며 싫어하는 사람도 많겠지만 이들처럼 보이지 않는 곳에서 최선을 다하는 딱정벌레들이 있기에 우리가 깨끗한 자연 속에서 행복한 삶을 영위할 수 있는 것이다. 그들이 없다면 우리는 산이나 숲 속에 들어갈 때마다 동물 사체를 밟지 않도록 조심해야 할 것이고, 깨끗한 자연 속에서 휴식을 즐긴다는 것을 상상하지도 못할 것이다. 이 사실을 안다면 꼬물꼬물 기어다니는 작은 곤충들을 징그럽다고 멀리하거나 무시하는 일은 다시 한번 생각해 봐야 할 것이다.

함정 채집법

딱정벌레, 먼지벌레, 송장벌레, 반날개 종류는 대부분 육식성이기 때문에 썩은 고기를 이용한 함정 채집법으로 채집한다. 함정 채집은 플라스틱이나 종이나 유리로 된 주둥이가 넓은 병에 썩은 고기나 포도주와 흑설탕을 섞은 것을 넣어서 위의 그림처럼 지표면과 같은 위치로 묻는 방법이다. 이러면 딱정벌레들이 냄새를 맡고 모여든다. 모여든 딱정벌레들은 썩은 고기를 먹기 위하여 병 속으로 떨어지게 된다. 병에 빠진 딱정벌레들은 먹이를 먹느라 나가지도 않을뿐더러, 나가려고 해도 벽면이 미끄러워 기어오르지 못한다. 날더라도 병의 벽면에 부딪치기 때문에 빠져나가지 못한다.

썩은 고기를 병 속에 바로 넣으면 채집된 딱정벌레들과 섞이게 되므로 병의 중간에 고기를 걸어 놓거나 칸막이를 만들어서 딱정벌레들과 분리하는 것이 채집하기에 편리하다. 또 비에 대비하여, 병 주둥이 위에 비 가리개를 설치하는 것도 좋다.

건조한 곳을 싫어하고 습한 것을 좋아하는 딱정벌레들의 습성에 맞추어서 부엽토가 두껍게 쌓인 곳이나 땅이 촉촉하게 젖은 곳에 병을 묻는 것이 좋다. 2~3미터 간격으로 함정을 설치하는 것이 좋으며 함정을 어디에 설치했는지 표시하는 것도 중요하다. 때로는 산을 넘어가기 전에 한쪽에 함정을 설치하고 다음 날 반대쪽에서 넘어오면서 함정에 빠진 딱정벌레들을 회수하는 방법도 있다. 딱정벌레 중에는 야행성 곤충이 많기 때문에 저녁에 함정을 설치해야 하므로 함정 채집법은 하루 이상의 채집 여행을 떠날 때에나 쓸 수 있는 방법이다.

함정을 묻어 놓으면 한 함정 안에 같은 종류가 수십 마리씩 들어가 있는 경우도 있고 세 종류 이상이 같이 채집되는 경우도 있다. 함정 채집법을 사용하면 그 지역에서 사는 여러 종류의 딱정벌레들을 한꺼번에 채집할 수 있다.

꽃 에서 만난
작은 친구들

2

생일 축하합니다! 생일 축하합니다! 흥겨운 축복의 노랫소리와 함께 생일 파티가 시작된다. 케이크에 촛불을 켜고 선물을 주고 덕담을 나눈다. 케이크와 더불어 생일이 되면 빠지지 않는 선물이 꽃다발이다. 그 외에도 졸업이나 입학처럼 축하할 일이 생기면 꽃이 빠지지 않는다. 일산과 안면도에서 열리는 국제 꽃 박람회나 진해의 벚꽃 축제에 가 보면 향기로운 꽃향기에 매료된 수많은 사람들을 만날 수 있다. 사람들은 마음을 맑게 해 주는 은은한 꽃향기를 사랑한다.

사람들만 꽃을 좋아하는 것은 아니다. 꽃 없이는 살 수 없는 곤충들이 있다. 꿀벌이나 나비에게 꽃은 무엇보다 소중한 생활의 터전이다. 물론 꽃들도 꽃가루를 옮겨 주는 나비와 벌 없이는 번성할 수 없다. 사람들은 일반적으로 꽃에 모이는 곤충 하면 나비나 벌을 먼저 생각하지만 딱정벌레들도 꽃을 상당히 좋아한다. 딱정벌레들에게 있어 꽃은 먹이인 동시에 생활 터전이고 사냥터이기도 하다.

꽃이 무리 지어 핀 곳에는 수많은 딱정벌레들이 있는데, 우선 꽃이 너무나도 좋은지 꽃을 통째로 우걱우걱 씹어 먹는 꽃무지가 있다.

또 꽃에 모이는 딱정벌레 하면 빼 놓을 수 없는 곤충이 하늘소인데, 특히 꽃하늘소아과의 하늘소들은 꽃 위에서 쉽게 만날 수 있다. 또 그 옆에서는 마치 하늘소인 양 잘난 척 하는 하늘소 흉내쟁이 하늘소붙이도 볼 수 있다.

1

그리고 꽃이 핀 곳이라면 어디에나 꽃 위의 벼룩인 꽃벼룩과 작은 점날개잎벌레가 톡톡 튀어 다닌다. 그리고 그 근처에서 그를 잡아먹기 위하여 모이는 용맹한 포식자인 의병벌레와 병대벌레도 볼 수 있다.

개나리나 진달래 같은 봄꽃이 필 때가 되면 봄소식을 알리듯 주홍하늘소와 홍날개가 앞 다투어 날아오른다. 또 썩덩벌레와 목이 우람한 목대장이 꽃밭에 파묻혀 짝짓기를 한다.

이와 같이 수많은 종류의 딱정벌레들이 야생화에 모여서 생활을 한다. 딱정벌레들이 꽃에 모이는 이유는 무엇일까? 그러면 지금부터 꽃에서 만날 수 있는 딱정벌레들의 왕국으로 같이 떠나보자.

2

3

4

호랑꽃무지

학명	*Trichius succinctus*
서식지	야생화가 핀 들판.
활동기	4월과 10월 사이.
몸길이	8~13밀리미터.
분포	한국, 시베리아, 대만, 일본 등지.
특징	검은색의 몸에 노란색 털이 빽빽하게 나 있으며 언뜻 보면 벌처럼 보인다.
생태	봄부터 꽃이 있는 곳이라면 어디에서든지 쉽게 볼 수 있다. 침을 가진 벌 모습을 흉내 냄으로써 천적의 공격을 피한다. 일종의 의태이다.

비틀스와 딱정벌레 −꽃무지

인류 문명의 여명기에 세워진 이집트 피라미드에는 이런 글이 새겨져 있다고 한다. "언젠가 딱정벌레 네 마리가 땅 위를 거닐며 기쁨과 지혜를 온 세상에 전하리니 그날부터 많은 것이 변하리라." 그로부터 수천 년이 흘러 1960년대에 네 마리의 '딱정벌레들', 비틀스가 나타났다. 비틀스는 처음엔 '딱정벌레들(The Beetles)'이라고 이름을 지었지만 그 당시에 유행하던 비트(beat)라는 말을 살려서 'The Beatles'로 이름을 바꾸었다.

'비틀스'의 탄생

1993년에 처음 딱정벌레 채집 동아리를 만들었을 때 명칭을 정하기 위하여 영어 사전, 국어 사전 등을 뒤졌다. 비틀스가 딱정벌레를 지칭하는 말이긴 했지만 영국의 록그룹 비틀스가 주는 인상이 너무나 강했기 때문에 처음에는 곤충 채집가를 의미하는 '버그헌터(Bughunter)'를 사용했다. 그리고 약칭으로 '버그(Bug)'라고 불렀다. 그러나 Bug가 딱정벌레보다는 노린재를 지칭하는 것이기 때문에 딱정벌레 채집 동아리에는 어울리지 않는다고 생각해 비틀스(Beetles)라고 동아리의 이름을 바꾸게 되었다. 이때부터 세상에 곤충 채집의 기쁨과 지혜를 전파하는 '비틀스'의 역사가 시작되었다.

1993년 4월 18일 봄을 재촉하는 봄비가 한창 내리고 있었다. 그렇지만 나는 걱정스러운 표정으로 창문을 물끄러미 바라보았다. 비틀스를 창단하고 처음으로 채집을 가는 날이 다음 날이기 때문이었다. 그런데 장맛비처럼 주룩주룩 비가 내리니 이러다가는 채집은 물 건너갈 것 같았다.

다음 날 날씨도 좋지 않았다. 낮부터 채집 준비를 하고 강의가 끝나자마자 강원 대학교 생물학과 동기와 후배 14명이 모여 채집지로 향했다. 채집지에 도착하여 저녁밥을 하려고 보니 버너만 가져오고 부탄가스는 가져오지 않아 그냥 근처 숲에서 주어온 나무에 불을 붙여서 밥을 하는 둥 마는 둥 끓여 먹었다. 한창때라 그랬는지 밥이 모자라 다음 날 아침에 먹으려고 가져간 라면 한 박스를 부숴서 다 먹어 치워 버렸다.

8인용 텐트에 14명이 들어가 둥글게 모여 앉았다. 일부 후배와 동기 들은 이 여행의 목적을 알고 있었지만 그냥 놀러가자고 해서 따라온 경우가 많았다. 갑자기 92학번 동기 하나가 목소리를 쫙 깔고서 이제 비틀스라는 딱정벌레 동아리를 시작하려고 하는데 여기 모인 사람들이 그 동아리를 함께했으면 한다고 이야기를 꺼냈다. 그리고 한 사람씩 오른손을 들고 동아리에 대한 '충성'을 서약하라고 했다. 어리둥절하던 후배와 동기 들은 텐트 속을 가득 채운 강요와 열정의 분위기에 휩쓸려 비틀스에 충성을 다짐하는 맹세를 했다. 교회에서 세례 베푸는 것처럼 "당신을 비틀스의 멤버로 허락하노라." 하

고 선배들이 엄숙하게 말하면 후배들은 그 억지스러운 표정을 보며 왁자지껄 웃었다. 함께 온 모든 사람을 회원으로 받아들이고 회장과 임원진을 뽑았다. 그리고 내가 초대 회장이 되었다. 우리나라에서 가장 오래된 딱정벌레 채집 동아리가 이렇게 시작되었다.

아침에 일어나니 어제와는 달리 화창한 하늘이 우리를 반겨 주었다. 따스한 봄볕을 맞으며 하얀 꽃잎이 개나리처럼 올망졸망 피어 있는 조팝나무가 가득한 산으로 올라갔다. 꽃을 먹고사는 딱정벌레가 많다는 사실을 알았던 우리는 앞 다투어 조팝나무를 향해 흩어졌다. 처음에는 잘 보이지 않았지만 조팝나무 꽃을 가까이에서 한참을 바라보다가, 온몸에 꽃가루에 묻혀 가며 꽃과 꿀을 탐닉하는 꽃 위의 식도락가를 만날 수 있었다. 딱정벌레 채집 동아리 비틀스의 첫 번째 채집 대상은 꽃무지였다.

꽃만 보면 군침을 흘리는 꽃무지

생전 처음으로 보는 풀색꽃무지(*Gametis jucunda*)였다. 꽃무지는 꽃무짓과(Cetoniidae)에 속하는 딱정벌레로 우리나라에 20여 종이 알려

1. 봄이 되면 야생화가 핀 곳에 딱정벌레들이 몰려든다. 그중의 대표 주자가 풀색꽃무지이다. 사진은 쑥부쟁이 위의 풀색꽃무지들이다.

2~3. 야생화 위의 풀색꽃무지.

1~2. 색이 다른 풀색꽃무지의 변이.
3. 야생화 위에서 술래잡기를 하는 호랑꽃무지.

져 있다. 꽃에 묻혀서 산다고 해서 꽃무지라는 이름이 붙은 듯하다. 꽃무지는 꽃을 보면 꽃가루나 꿀은 물론 꽃잎까지 거의 다 먹어 치우는 최고의 꽃 식도락이다. 꽃뿐만 아니라 잘 익은 과일도 좋아하는 이들은 애벌레 때에는 부엽토 층의 영양분이 풍부한 흙을 먹으며 살아간다. 풀색꽃무지는 가장 흔하게 볼 수 있는 꽃무지이다. 몸길이가 10~14밀리미터이고 몸빛이 녹색인 것이 대부분이지만 적갈색이나 검은색을 띠는 종류도 있다. 무당벌레처럼 종류에 따라 몸의 색깔이 다양한 딱정벌레이다.

풀색꽃무지를 보는 순간 "꽃무지다!" 하고 외치며 채집통에 재빨리 담기 시작했다. 나뿐만 아니라 그곳에 있던 모든 동아리 회원들은 처음 보는 딱정벌레를 채집하는 게 즐거운지 너나없이 열심히 채집하기 시작했다.

먼저 몇 마리를 채집통에 넣은 다음, 야생 행동을 관찰했다. 풀색꽃무지는 나비나 벌처럼 꽃가루와 꿀만 얌전하게 먹고 가는 신사적인 손님이 아니었다. 꽃잎을 통째로 뜯어서 먹어 버리는 게 아닌가. 몸에 꽃가루를 묻혀 수정을 돕는다기보다는 꽃에 피해를 입히는 해

충처럼 보였다. 그런데 이런 꽃무지 무리의 수가 조팝나무의 수보다 더 많은 듯했다.

벌이라고 착각하지 마

이번에는 다른 꽃들이 피어 있는 곳으로 가 보았다. 그곳에서 마치 벌처럼 생긴 호랑꽃무지(*Trichius succinctus*)를 만날 수 있었다. 교과서에서만 보던 의태(擬態)였다. 의태는 약한 동물이 다른 동물들의 모양이나 색깔이나 습성을 흉내 냄으로써 천적으로부터 자신을 보호하는 방어 기작이다.

호랑꽃무지 외에도 호랑하늘소, 벌호랑하늘소 같은 딱정벌레들은 침을 가진 벌처럼 꾸며 천적으로부터 자신의 몸을 방어한다. 호랑꽃무지나 호랑하늘소는, 처음 보는 사람은 딱정벌레라고 하기보다는 벌 종류라고 생각할 정도로 벌과 아주 비슷하게 생겼다.

흙에서 뒹구는 홀쭉꽃무지

꽃무지라고 해서 모두 꽃 위에서만 볼 수 있는 것은 아니다. 꽃보

2

3

다는 흙에서 뒹구는 홀쭉꽃무지(*Clinterocera obsoleta*)가 있다. 홀쭉꽃무지는 꽃무짓과에 속하기 때문에 꽃의 꽃가루나 꿀, 그리고 나무의 수액을 먹으며 살 것 같지만 아직 연구가 미흡해 생태가 분명하지 않다.

　홀쭉꽃무지를 잘 만날 수 있는 곳은 꽃이 아니라 산길 같은 흙 위이다. 그동안 홀쭉꽃무지를 여러 곳에서 채집했지만 흙 위에서 먼지를 뒤집어쓰고 뒹구는 홀쭉꽃무지만을 보았을 뿐이다. 대개 먼지 많은 전철역의 계단이나, 캠퍼스의 흙 위, 공원의 흙 위에서 채집했다. 아직 생활사가 잘 밝혀져 있지 않기 때문에 앞으로 많은 연구가 필요할 것으로 보인다.

　또 나뭇더미가 있는 곳에서 자주 나타나는 만주점박이꽃무지(*Protaetia mandschuriensis*)가 있다. 몸은 연녹색이고 보석 같은 광택을 띤다. 나뭇더미에서 출현하는 것으로 보아 애벌레가 죽은 활엽수를 먹는 것 같다. 딱지날개를 닫은 채 속날개만을 펴서 나는데 매우잘 난다. 그리고 그때 나는 소리는 구식 프로펠러 비행기에서 나는 것 같다.

1. 검정꽃무지(*Glycyphana fulvistemma*).
2. 만주점박이꽃무지는 다른 꽃무지와 달리 광택 있는 몸을 가지고 있다.
3. 홀쭉꽃무지는 주로 땅에서 발견된다. 다른 꽃무지와 구별되는 독특한 생활사를 가진 것 같지만 연구가 아직 미진해 분명한 것은 모른다.

꽃하늘소

학명	*Leptura aethiops*
서식지	꽃이 핀 곳과 벌채된 나무 주위.
활동기	4월과 7월 사이.
몸길이	10밀리미터 내외.
분포	한국, 일본, 중국 등지.
특징	몸빛이 전체적으로 검은색이지만 종에 따라서는 짙은 갈색인 것도 있다.
생태	주로 꽃에 모여서 꽃가루를 먹으며 살아가는 딱정벌레이다. 꽃가루를 먹기 위하여 여러 가지 꽃으로 옮겨 다니며 생활을 하기 때문에 꽃이 많이 핀 산에서는 흔하게 볼 수 있다.

알통 다리 딱정벌레 -하늘소붙이와 하늘소

거친 숨을 몰아쉬며 자전거 페달에 힘을 싣는다. 있는 힘을 다해서 쏜살같이 달려가야 제시간에 학교 정문을 통과할 수 있다. 정문을 지나고 숨을 고르기도 전에 가파른 언덕길이 눈앞을 가로막는다. 저 언덕을 올라가야 오늘도 지각하지 않고 교실에 도착할 수 있다.

나는 중학교 내내 자전거로 통학을 했다. 그 중학교는 여자 중학교, 여자 고등학교와 같이 있었다. 그래서 등교할 때에는 항상 여학생들과 함께 학교 언덕을 올라가야 했는데 종종 여학생들의 투정을 들어야 했다. "매일매일 언덕을 올라 다니니 다리에 무처럼 알통만 생기지."라는 투정이었다. 그렇지만 튼튼한 다리는 몸을 지탱하는 중요한 역할을 한다. 거친 산과 숲을 돌아다니며 채집을 할 수 있었던 것도 어쩌면 중학교 때 자전거로 단련된 다리 덕분일지도 모른다. 굵은 알통을 가진 딱정벌레들을 채집하다 보면 중학교 때 생각이 난다.

춘천에서 조금만 외곽으로 벗어나면 넓지는 않지만 딱정벌레의 서식지로는 아주 좋은 넓은 풀밭이 여러 군데 있다. 차로 한 시간도 채 걸리지 않는 가까운 곳에서 수많은 딱정벌레를 볼 수 있다는 것은 딱정벌레 동아리 비틀스에게는 큰 행운이었다. 비틀스는 어린이날 같은 공휴일이면 언제나 채집 일정을 잡았다. 멀리 가지 못하는 날이면 시간 되는 사람들끼리 모여 춘천 근교의 초원으로 채집을 나가곤 했다. 그러면 계절 따라 피는 화사한 꽃들이 소풍 나온 아이들을 맞듯 우리를 반겨 주었다.

풀밭에는 여러 종류의 딱정벌레들이 서식하고 있는데, 그 딱정벌레들을 하나라도 더 채집하려 하다 보면 가만히 소풍 나온 기분을

즐길 시간도 없었다. 눈동자를 이리저리 굴려 가며 풀밭을 이 잡듯이 샅샅이 뒤져야 했고, 발에 채는 돌이나 아무렇게나 피어 있는 야생화도 그냥 지나가지 않고 뭐가 없나 하나하나 살펴봐야 했다. 혹시 딱정벌레가 날아가기라도 하면 놓치지 않고 포충망을 휘둘러서 잡아야 했다.

풀밭에는 국수나무, 산사나무처럼 봄꽃이 피는 나무들이 있는데, 그 근처에서 딱정벌레를 채집하다가 무다리보다도 더 우람한 알통을 자랑하는 근육질 다리의 딱정벌레를 만났다.

큰알통다리하늘소붙이의 알통 자랑

근육질의 큰알통다리하늘소붙이(*Oedemeronia testaceithorax*)는 거저리상과 하늘소붙잇과(Oedemeridae)에 속하는 딱정벌레로 전 세계에 1000여 종이 알려져 있으며 우리나라에서는 20종 정도가 알려져 있다. 이 하늘소붙잇과 딱정벌레들의 몸에서 나오는 칸타리딘(cantharidin)이라는 물질이 사람의 피부에 물집을 일으키기 때문에 '물집을 생기게 하는 딱정벌레(False Blister Beetle)'라는 별명으로 불

3

4

린다. 또한 이들은 꽃가루를 먹기 때문에 '꽃가루를 먹는 곤충(Pollen Feeder)' 이라고도 한다.

큰알통다리하늘소붙이는 수컷의 다리에 큰 알통이 있어서 다른 하늘소붙이와는 확연히 구별된다. 그러나 암컷의 다리에는 알통이 없다. 그래서 암수를 아주 쉽게 구별할 수 있다.

대부분의 딱정벌레 수컷들은 특이하게 생긴 다리나 턱이나 화려한 몸빛을 가진 경우가 많다. 다른 수컷보다 더 화려한 모양과 색으로 암컷들을 유혹해 보려는 것이다. 이렇게 큰알통다리하늘소붙이나 알통다리꽃하늘소가 다리의 알통으로 암컷들을 유혹하는 것을 보면 딱정벌레 왕국은 우람한 알통을 가진 수컷들이 우대받는 사회일지도 모른다.

그렇지만 하늘소붙잇과의 딱정벌레들은 굵은 알통 다리와는 대조적으로 몸이 매우 가볍고 딱지날개 또한 연약하기 때문에 채집할 때 잘못하면 뭉그러지는 경우가 많다. 근육질 남자에게 의외로 연약한 구석이 있는 것처럼 말이다. 또 표본을 만들 때에도 항상 주의해야 한다.

1. 큰알통다리하늘소붙이 수컷(사진: 한영식).

2. 흑청색하늘소붙이(*Ondemera concolor*).

3~4. 큰알통다리하늘소붙이의 수컷(왼쪽)과 암컷(오른쪽). 수컷의 다리에는 알통이 있지만 암컷의 다리에는 알통이 없다.

1. 알통다리꽃하늘소.
2. 작은 클로버 꽃 위의 긴알락꽃하늘소 (사진: 한영식).

오직 사랑하는 것은 꽃이라고 주저 없이 말하며

알통 자랑을 하는 것은 큰알통다리하늘소붙이만이 아니다. 큰알통다리하늘소붙이보다 더 우람한 다리를 자랑하는 알통다리꽃하늘소(*Oedecnema gebleri*)가 있다.

하늘솟과(Cerambycidae)는 우리나라에 300여 종이 사는 것으로 확인되어 있으며 꽃하늘소아과(Lepturinae)의 딱정벌레는 60종 이상이 분류되어 있다. 말할 수 있다면 세상에서 가장 사랑하는 것은 꽃이라고 주저 없이 말할 것만 같은 꽃하늘소들은 모양과 몸빛이 꽃만큼이나 다양하다. 대표적인 꽃하늘소로는 알통다리꽃하늘소 외에도 꽃하늘소, 붉은산꽃하늘소(*Corymbia rubra*), 옆검은산꽃하늘소(*Anastrangalia sequensi*), 열두점박이꽃하늘소(*Leptura duodecimguttata*), 긴알락꽃하늘소(*Leptura arcuata*) 등이 있으며 꽃 위에서 쉽게 만날 수 있다.

2

1. 얼룩섶박이꽃하늘소의 짝짓기.

1. 봄산하늘소(*Brachyta amurensis*). 2. 옆검은산꽃하늘소. 3. 붉은산꽃하늘소. 4. 알락수염붉은산꽃하늘소(*Corymbia variicornis*).

7

5. 남색초원하늘소(*Agapanthia pilicornis*).   6 깔따구꽃하늘소(*Strangalomorpha tenuis*).   7. 붉은산꽃하늘소의 짝짓기 모습.

주홍 옷을 입은 신부

꽃 위에서 꽃하늘소아과의 딱정벌레만큼이나 흔하게 만날 수 있는 하늘소 종류로는 주홍하늘소족(Pupuricenini)에 속하는 무늬소주홍하늘소(*Amarysius altajensis*)와 먹주홍하늘소(*Asias halodendri*), 소주홍하늘소(*Amarysius sanguinipennis*)가 있다. 이들은 1년 중 가장 일찍 관찰되는 하늘소로 봄이 왔음을 알려준다.

　무늬소주홍하늘소는 붉은색 딱지날개에 긴 타원 모양의 검은색 무늬가 있으며 주홍하늘소 중에서 가장 쉽게 볼 수 있는 종류이다. 그리고 무늬소주홍하늘소와 닮았지만 딱지날개에 무늬가 없는 소주홍하늘소가 있다. 또 검은색의 딱지날개를 가진 먹주홍하늘소가 있다. 이러한 주홍하늘소 종류도 꽃을 먹으며 생활하기에 꽃이 핀 나무에서 흔히 만날 수 있다.

찰리 채플린 딱정벌레

찰리 채플린의 영화는 옛날 영화이지만 지금 봐도 재미있다. 찰리

3

1. 무늬소주홍하늘소.

2. 소주홍하늘소.

3. 딱지날개에 뚜렷한 중절모 무늬가 있는 모자주홍하늘소 (사진: 손상봉).

채플린이 코믹한 몸동작을 하면 지켜보던 사람들은 깔깔거리며 웃는다. 의미심장한 행동으로 웃음을 자아내는 찰리 채플린은 차림새가 특이하다. 그는 항상 지팡이를 들고 모자를 쓰고 다닌다. 찰리 채플린이 쓰고 다니는 중절모의 디자인이 어디에서 나왔는지는 모르겠지만, 모자주홍하늘소(*Purpuricenus lituratus*)를 채집하다 보면 그 딱지날개에 그려져 있는 모자의 모양을 본떠서 만든 것은 아닐까 하는 생각이 들 때가 있다.

모자주홍하늘소도 주홍하늘소족에 속하는 딱정벌레이며 비행 능력이 탁월하다. 예전에는 많은 수를 쉽게 볼 수 있었지만 최근에 급격하게 개체 수가 줄어들어서 보기가 힘들어졌다.

모자주홍하늘소의 추억

이 모자주홍하늘소를 처음 본 것은 학교 안에서였다. 강원 대학교에는 넓은 숲을 가진 뒷산이 있었는데, 그 뒷산은 차비조차 아껴야 하는 학생 채집가에게는 훌륭한 채집지였다. 나는 딱정벌레처럼 햇볕을 받으면 몸이 괜히 근질거렸다. 그럴 때에는 수업이 비는 시간을 이용하여 학교 뒷산으로 채집을 가곤 했다. 모자주홍하늘소를 처음 본 날도 뒷산을 구석구석 뒤지며 한참을 채집하던 때였다. 그때 어디선가 붕 하는 소리와 함께 붉은색의 하늘소가 휙 하고 날아가는 것을 봤다. 발견과 동시에 발에 엔진을 단 것처럼 포충망을 휘두르며 잽싸게 달려갔지만 수풀에 걸려 아쉽게도 놓치고 말았다. 하늘 높이 사라져 가는 모자주홍하늘소의 중절모 무늬만 넋 놓고 바라볼 수밖에 없었다.

모자주홍하늘소가 학교에 있다는 것을 알게 된 뒤로는 평소 때에도 채집가로서의 긴장을 늦추지 않았다. 딱정벌레가 눈에 띄기만 하면 친구나 후배와 같이 걸어가다가도 갑자기 채집에 열을 올렸다. 내게는 포충망이 없어도 딱정벌레를 손으로 쳐서 큰 상처 없이 땅으로 떨어뜨리는 채집 기술이 있었기 때문에 날아다니는 딱정벌레도 웬만하면 잡을 수 있었다. 자연 환경이 좋은 우리 학교에는 수많은 딱정벌레들이 살고 있었기 때문에 갑자기 이리 뛰고 저리 뛰는 것은 일상적인 일이 되었다. 처음에는 친구들이 무슨 일인가 의아해 했지만 조금 지나자 또 딱정벌레가 있구나 하며 신경 쓰지 않았다. 그렇게 노력했지만 모자주홍하늘소의 뛰어난 비행 능력을 따라잡을 수는 없었다.

그래도 그런 내 노력이 무의미한 것은 아니었다. 모자주홍하늘소를 잡기 위해 뛰어다니는 내 모습을 본 친구들은 근처에서 딱정벌레를 보면 잡아다 주었다. 그것이 아주 고마웠기 때문에 표본의 라벨을 만들 때 가져온 사람들의 이름을 적어 두는 것을 잊지 않았다. 그래서 요즘에도 표본 상자의 라벨들을 보면 딱정벌레를 가져다 준 사람들이 떠올라 미소를 짓고는 한다.

점날개잎벌레

학명	*Nonarthra Cyanea*
서식지	꽃이 핀 곳.
활동기	5월과 11월 사이.
몸길이	3~4밀리미터.
분포	한국, 중국, 일본 등지.
특징	등 쪽은 흑청색이지만 배 쪽은 적갈색이다. 다리에는 알통이 있다.
생태	꽃이 핀 곳에서 볼 수 있으며, 성충으로 월동하는 것이 특징이다. 접힌 다리를 이용해 벼룩처럼 툭툭 튀어 다닌다.

꽃잎 위의 작은 친구들

꽃벼룩, 왕꽃벼룩, 썩덩벌레, 목대장, 섶벌레, 밑빠진벌레, 홍날개

고무 동력 비행기나 모형 글라이더를 들고 가는 어린 학생들을 보면 중학생 때 모형 비행기를 날리던 기억이 난다. 사람은 높이 나는 새를 동경해서 비행기라는 것을 만들었다. 비행기가 아니더라도 사람들은 높은 곳, 높은 지위를 동경한다. 높이뛰기 선수들의 모습이나 텀블링하는 체조 선수들의 모습에도 그런 사람들의 동경이 반영되어 있는 것 같다.

사람처럼 높은 곳을 동경하는 것은 아니겠지만 곤충들 중에도 높이 나는 종류들이 많다. 10미터 이상 높은 곳을 나는 딱정벌레들은 탁월한 비행 능력으로 천적이나 곤충 채집가를 따돌린다. 이들은 아주 긴 포충망이 있어야 채집할 수 있다. 잘 날지 못하고 지면에서 생활하는 딱정벌레들은 천적으로부터 벗어나기 위하여 체조 선수들의 뜀틀 묘기를 흉내 내고는 한다. 벼룩이라는 이름이 들어가는 곤충들이 뛰는 모습을 보면 흡사 곤충 세계의 체조 선수들을 보는 것 같다. 딱정벌레 무리에도 벼룩에 못지않은 체조 선수인 꽃벼룩이 있다.

한적한 산길을 걸어가다 보면 키 작은 야생화들을 만날 수 있다. 이 야생화들은 아주 작고 색깔도 화려하지 않다. 이렇게 작은 야생화에서 사는 딱정벌레도 10밀리미터가 채 되지 않을 정도로 작다. 처음에는 이 작은 야생화에 딱정벌레가 있는 줄도 모르고 그냥 지나쳤다. 하지만 채집에 어느 정도 이력이 붙으면서 채집 목표를 커다란 딱정벌레들에서 작은 딱정벌레들로 바꾸었고 작은 야생화 하나

도 허투루 보지 않고 자세히 살펴보기 시작했다. 그러던 중 작은 망초 위에서 검은 곤충을 하나 발견했다. 작디작은 망초가 오히려 커 보일 정도로 작은, 꽃 위의 체조 선수 꽃벼룩이다.

1~3. 꽃 위에서 한참 식사 중인 점날개잎벌레 (사진: 한영식).

◀ 야생화 위에서 검정날개알밑빠진벌레(*Meligethes flavicollis*)가 꽃가루와 꿀을 먹고 있다 (사진: 한영식).

▼ 가시 모양의 꼬리를 가진 꽃벼룩종 (사진: 한영식).

꽃잎 위의 벼룩

도약력을 가진 곤충에는 벼룩목(Order Siphonaptera)에 속하는 벼룩과, 꽃벼룩과(Mordellidae)에 속하는 딱정벌레가 있다. 꽃벼룩은 거저리상과(Tenebrionoidea)에 속하는 딱정벌레이며 전 세계적으로는 1500여 종, 우리나라에는 약 10종이 있다.

망초 위에서 만난 꽃벼룩(*Mordellistena comes*)은 '텀블링 꽃 딱정벌레(Tumbling Flower Beetle)'라는 별명처럼 꽃 위에서 꽃가루를 먹으며 산다. 위험을 느끼면 뒷다리를 이용하여 톡 하고 꽃 위에서 뛰어내려 풀숲 속으로 숨어 버린다. 한번 놓치면 다시 잡기 힘들어진다. 꽃에 사는 벼룩이라고 불리는 만큼 크기도 작아서 대부분이 2~8밀리미터이다. 그리고 가시 모양의 꼬리를 가지고 있기 때문에 '가시 꼬리 딱정벌레(Spine-tailed Beetle)'라고도 불린다.

1. 꽃잎 위에서 도약 순비를 하고 있는 꽃벼룩.

꽃벼룩의 도약력은 뒷다리에서 나오는데 다리를 접고 있다가 튕기는 방식으로 꽃 위를 톡톡 튀어 다닌다. 잎벌레 중에도 뒷다리에 도약 기관을 가진 것이 있는데 이들의 명칭도 벼룩을 본 딴 벼룩잎벌레라고 한다. 꽃벼룩 중에서도 크기가 큰 꽃벼룩으로는 알락광대꽃벼룩(*Hoshihanamomia pirika*)이 있다. 그리고 점날개잎벌레도 접힌 뒷다리를 이용해 벼룩처럼 튀어 다닌다.

가장 큰 꽃벼룩

꽃벼룩보다 크고 가시 모양의 꼬리가 없는 것이 특징인 왕꽃벼룩과 (Rhipiphoridae)의 왕꽃벼룩도 꽃에서 만날 수 있다. 왕꽃벼룩은 우리나라에 4종만이 있다고 한다. 꽃벼룩과 닮은 딱정벌레인데 몸길이가 3.5~38밀리미터로 상당히 큰 개체도 쉽게 볼 수 있다. 애벌레는 나무에 구멍을 뚫고 살아간다. '쐐기 모양 딱정벌레(Wedge-shaped Beetle)'라는 영어 이름처럼 몸이 쐐기 모양이다.

2   3

꽃 위의 색다른 딱정벌레들

꽃 위에서는 꽃벼룩과 함께 거저리상과에 속하는 또 다른 딱정벌레
인 노랑썩덩벌레(*Cteniopinus hypocrita*)와 목대장(*Cephaloon pallens*)
도 만날 수 있다.

썩덩벌레는 썩덩벌렛과(Alleculidae)에 속하는 딱정벌레로 '빗 모
양 발톱 딱정벌레(Comb-clawed Beetle)' 라고 하듯이 빗 모양의 발톱
을 가졌다. 전 세계적으로 1500여 종, 우리나라에서는 10여 종이 서
식하는 것으로 알려져 있다.

목대장은 목대장과(Cephaloidae)에 속하는 딱정벌레로 '가짜 하늘
소(False Longhorn Beetle)' 라는 별명처럼 하늘솟과와 많이 닮았다.
배 부분과 더듬이가 상당히 길어서 꽃하늘소라고 오인받는 경우가
많다. 그러나 머리와 가슴 사이의 목 부분을 자세히 보면 하늘소보
다 두껍기 때문에 쉽게 구분할 수 있다. 꽃이 핀 풀밭에서 쓸어잡기
채집법을 사용하면 쉽게 잡을 수 있다. 목대장은 우리나라에는 3종
만이 사는 것으로 알려져 있다. 거저리상과에 속하는 목대장이나 썩

1. 알락광대꽃벼룩.
2. 노랑썩덩벌레.
3. 목대장의 짝짓기.

덩벌레 모두 딱지날개가 연해서 표본을 만들 때 특히 주의해야 좋은 표본을 만들 수 있다.

꽃 속의 작은 호리병

산길을 걷다가 꽃들이 만발한 곳을 발견하면 포충망을 빗자루 쓸 듯이 휘둘러 본다. 이렇게 쓸어잡기를 하면 꽃 위에서 사는 작은 종들을 많이 잡을 수 있다. 그리고 포충망에 들어간 곤충들 중에서 딱정벌레라고 판단되는 것들은 모조리 채집통에 넣는다. 대부분의 딱정벌레들을 보면 그 자리에서 어떤 과(科)에 속하는지 판정할 수 있지만 1~2밀리미터밖에 안 되는 정도의 작은 딱정벌레들은 구별하기가 힘들다. 이런 딱정벌레들은 먼저 표본을 만든 다음에 과나 종을 판별할 수밖에 없다.

표본을 할 때에는 보통 표본용 핀을 사용한다. 표본용 핀은 크기에 따라 0호부터 7호까지 있고 미침이라고 하는 아주 작은 핀이 있는데, 보통 이 미침을 이용하여 작은 곤충을 표본으로 만든다. 이것을 그늘에서 오랜 시간 동안 말리고 나서 채집 일자, 채집지, 채집자를 적은 이름표를 붙이면 표본이 완성된다. 하지만 크기가 1~2밀리미터밖에 안 되는 딱정벌레들은 표본을 만들 때에도 너무 작아서 핀을 꽂지 못하고 핀을 꽂은 삼각형 대지에다가 직접 목공 본드를 이용하여 붙여 버린다. 이것을 대지 표본이라고 한다.

작은 딱정벌레들의 표본을 관찰할 때에는 현미경을 사용한다. 너무나 작기 때문에 배율이 40배 이상 되는 좋은 현미경으로 관찰하는 것이 좋다. 이렇게 채집한 지 한참 지난 딱정벌레를 관찰하다 보면 의외의 발견을 할 때가 많다.

표본으로 만든 딱정벌레들이 어떤 과에 속하는지 알기 위하여 대

지 표본으로 만든 딱정벌레를 현미경 표본대 위에 올리고 접안 렌즈에 눈을 대는 순간 호리병을 닮은 딱정벌레가 눈앞에 나타났다. 섶벌렛과(Lathridiidae)에 속하는 섶벌레였다. 섶벌레는 우리나라에서 단 2종만 확인된 희귀한 딱정벌레이다. 책에서 사진으로 보기는 했지만 실물을 보는 것은 처음이었다. '부패한 것을 먹는 작은 갈색의 딱정벌레(Minute Brown Scavenger Beetle)'라 불리는 것처럼 부패한 것들을 주로 먹으며 몸길이가 1밀리미터밖에 안 되는 소형 종이다.

화려한 원색 옷보다 은은한 흰색 옷을 즐겨 입어 '백의민족'이라고 불린 우리 민족처럼 우리나라의 곤충들도 원색보다는 담박한 몸빛을 지닌 것들이 대부분이다. 게다가 열대산 외국 딱정벌레들과는 달리 우리나라의 딱정벌레들은 외국 종보다 작다. 같은 산하에서 살다 보니 서로 닮는 것일까.

밑 빠진 딱정벌레

꽃 위에서 흔하게 채집할 수 있는 딱정벌레로는 검정날개알밑빠진벌레

1. 네눈박이밑빠진벌레(*Glischrochilus japonicus*).
2. 흰점박이꽃바구미(*Baris dispilota*).

◀ 섶벌레 표본. 섶벌레 표본을 만들 때에는 너무 작아서 핀을 꽂지 못하고 대지에 붙여 만든다(사진: 한영식).

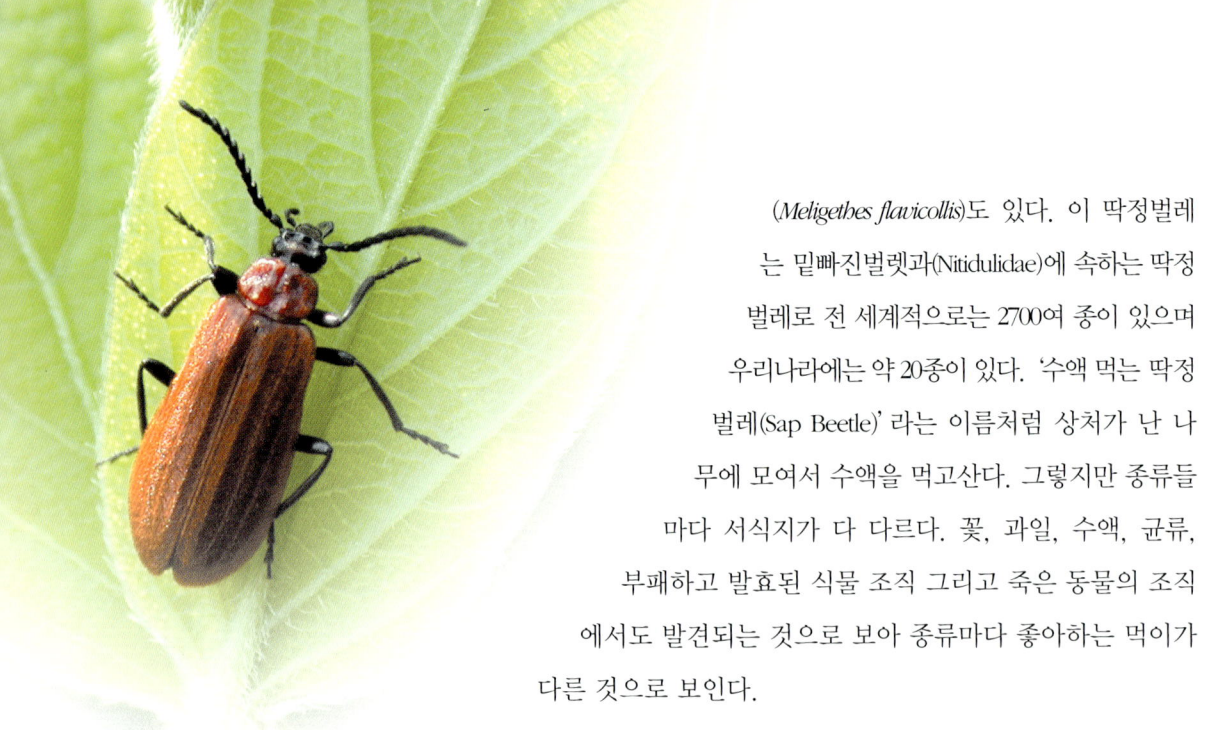

(*Meligethes flavicollis*)도 있다. 이 딱정벌레는 밑빠진벌렛과(Nitidulidae)에 속하는 딱정벌레로 전 세계적으로는 2700여 종이 있으며 우리나라에는 약 20종이 있다. '수액 먹는 딱정벌레(Sap Beetle)'라는 이름처럼 상처가 난 나무에 모여서 수액을 먹고산다. 그렇지만 종류들마다 서식지가 다 다르다. 꽃, 과일, 수액, 균류, 부패하고 발효된 식물 조직 그리고 죽은 동물의 조직에서도 발견되는 것으로 보아 종류마다 좋아하는 먹이가 다른 것으로 보인다.

▲ 봄소식을 알리는 애홍날개(사진: 한영식).

봄을 알리는 우체부

봄꽃이 필 때가 되면 누구보다도 먼저 붉은색 딱지날개로 치장을 하고 하늘 높이 날아오르는 딱정벌레들이 있다. 바로 애홍날개(*Pseudopyrochroa rubricollis*)이다. 봄소식을 전하는 딱정벌레 왕국의 우체부 같다. 홍날개는 홍날갯과(Pyrochroidae)에 속하는 딱정벌레로 전 세계적으로 1400여 종이 있으며 우리나라에는 6종이 서식하고 있다.

영어권에서는 '불꽃색 딱정벌레(Fire-colored Beetle)'라고 부르는데, 말 그대로 날개가 불꽃 같은 붉은색이기 때문에 그런 이름이 붙은 것 같다. 성충은 대부분 꽃이나 잎이 많은 곳에 있으며 애벌레는 죽은 나무에서 볼 수 있다.

여기에서 다룬 딱정벌레는 종류가 많지 않고 작기 때문에 사람들이 잘 모른다. 하지만 꽃 위에서 톡톡 튀어 오르는 꽃벼룩의 모습에서 다른 종에게 뒤지지 않으려는 투지를 엿볼 수 있다. 그 크기가 조그맣다고, 그 수가 적다고 무시할 수 없을 것이다.

서울병대벌레

학명	*Cantharis Soeulensis*
서식지	들이나 야산의 초원 지대.
활동기	5월과 6월 사이.
몸길이	7~11밀리미터.
분포	한국, 일본 등지.
특징	머리, 가슴, 다리가 선명한 주황색이며, 딱지날개는 검은색이지만 테두리가 주황색이다.
생태	풀들이 한창 돋아나는 5월에 활발하게 활동한다. 육식과 초식을 모두 하는 다식성 딱정벌레이다. 심지어 같은 병대벌레 무리를 잡아먹기도 한다.

의병보다 용감한 딱정벌레 −의병벌레와 병대벌레

월드컵 때 "오, 필승 코리아!"를 외치던 우리나라 사람들의 단합된 힘은 어떤 나라에도 뒤지지 않는다. 그렇기에 수많은 외침을 당했지만 그때마다 외적을 물리치고 나라를 지켜 낼 수 있었다. 그때 가장 큰 역할을 한 것이 스스로 외적에 대항해 싸운 의병이다. 그들은 누구보다 용감하게 싸워 우리나라를 위기 속에서 구해 냈다. 딱정벌레의 왕국에도 의병만큼 용감한 친구들이 있다.

졸업하고 딱정벌레와 관계없는 직장에서 일한 지도 꽤 되었지만 딱정벌레를 잊지 못했기 때문에 휴일을 이용해 춘천으로 채집 여행을 떠나기로 했다. 아침 일찍 일어나서 의정부역에서 통일호 첫차에 몸을 실었다. 대학 졸업 후에는 오랫동안 춘천을 찾지 않았지만 가는 길이 그렇게 낯설지 않았다. 딱정벌레들을 만날 생각에 마음이 설레었다. 오랜만이라 그런지 따스한 햇볕에 향기로운 꽃향기가 무척 반가웠다. 꽃이 핀 곳이면 가리지 않고 포충망을 휘둘렀다. 그러다가 풀잎 위에서 사냥감을 기다리고 있던 의병처럼 용감하고 강인한 딱정벌레를 만날 수 있었다.

꽃 위의 의병

아무리 용감하고 강인한 딱정벌레라고 해도 숙련된 채집가가 휘두르는 포충망을 피할 수 없다. 다른 곤충들과 함께 노랑무늬의병벌레(*Malachius prolongatus*)가 포충망 속으로 빨려들었다. 노랑무늬의병벌레는 의병벌레 중에서 가장 흔하게 볼 수 있는 종이다.

의병벌레는 개미붙이상과(Cleroidea) 의병벌렛과(Melyridae)에 속하는 딱정벌레로 전 세계적으로 4000여 종이 있으며 우리나라에는

7종이 있다. '부드러운 날개를 가진 꽃 딱정벌레(Soft-winged Flower Beetle)'라고 불리는 것처럼 연약한 딱지날개를 가졌지만 생긴 것과는 달리 꽃이나 나무에 모여든 작은 곤충들을 잡아먹는 포악한 포식성 곤충이다.

　의병벌레의 포식성을 알지 못했을 때에 꼬마남생이무당벌레와 의병벌레를 같은 채집통에 넣은 적이 있다. 의병벌레는 꼬마남생이무당벌레를 형체를 알아보지 못할 정도로 찢어 놓았고 다리 하나 남기지 않고 먹어 치웠다. 이런 일이 있은 후로는 채집한 의병벌레를 다른 딱정벌레들과 같은 통에 넣어 두지 않는다. 의병벌레의 엄청난

1. 노랑무늬의병벌레.
2. 사냥감을 노리는 의병벌레.

1. 검정별대벌레.
2. 서울병대벌레.
3. 서울병대벌레의 짝짓기.

포식성은 마치 포악한 성격과 커다란 턱을 가진 길앞잡이를 연상시 킨다. 꽃이나 나무에서 사냥감을 노리고 있는 의병벌레나 병대벌레 의 몸짓을 보면 생태계의 잔인한 단면을 보는 것 같아 섬칫섬칫 놀 라게 된다.

의병벌레는 잔인한 성격과 강한 힘을 가지고 있지만 딱지날개가 부드럽고 약해 잘못 잡으면 쉽게 망가진다. 그래서 표본을 만들 때 나 채집할 때에 상당한 주의가 필요하다. 사람들은 의병벌레의 이러 한 외유내강(外柔內剛)을 보고, 겉으로는 보잘것없는 오합지졸처럼 보이지만 속으로는 어떠한 강적도 꺾을 수 없는 의지를 가진 의병을 연상해서 의병벌레라는 이름을 붙인 것 같다.

강철 같은 군인 정신

꽃 위에서는 의병 정신으로 무장된 의병벌레와 견줄 만한 군인 정신 으로 무장된 검정병대벌레(*Athemus attristatus*)를 만날 수 있다. 병대

3

1~3. 여러 종류의 병대벌레들.

벌레도 의병벌레와 마찬가지로 아주 부드럽고 약한 딱지날개로 몸이 덮여 있는데, 의병벌레 이상의 포악한 성격을 자랑한다. 겉은 너무나도 약해 보이지만 그 안에 감춰져 있는 성격은 외형과는 너무나 다르다. 그래서 채집할 때에는 딱지날개나 다리가 손상되지 않도록 주의해야 한다.

병대벌레는 '군인 딱정벌레(Soldier Beetles)'라는 영어 이름처럼 병정 같다. 또 무리를 지어서 다니는 것이 보통이기 때문에 병정의 무리라는 뜻의 '병대(兵隊)'가 이름에 들어간 것 같다. 애벌레나 성충 모두 포식성의 딱정벌레이지만 개중에는 꽃가루나 꿀을 먹는 종류도 있다.

병대벌레는 병대벌레상과(Cantharoidea) 병대벌렛과(Cantharidae)에 속하는 딱정벌레로 홍반딧과와 반딧불잇과 등과 같은 그룹에 포함된다. 그래서인지 북한에서는 잎에 사는 반딧불이라 해서 '잎반디'라고 부른다. 하지만 빛을 내지는 못한다. 병대벌렛과의 분류학적 연구나 생태 연구는 아직 우리나라에서 많이 이루어지지 않았다. 그래서 아직 동정되지 않은 종도 많고 생활사나 생태도 불분명하다. 앞으로 다양한 연구가 이루어져야 할 것으로 보인다.

쓸어잡기 채집법

쓸어잡기 채집법은 포충망을 쓸어 담듯 휘둘러서 곤충을 채집하는 방법이다. 꽃이 핀 곳에 모여 꽃가루를 먹는 딱정벌레들이나, 눈에 잘 띄지 않는 딱정벌레들을 채집하는 데 좋다. 꽃이 많이 핀 나무나 풀들이 넓게 펼쳐져 있는 들판에서 이 방법을 사용하면 채집이 용이하다.

봄에는 오전 10시가 지나야 딱정벌레들이 활동을 시작하기 때문에 그 시간부터 채집을 하는 것이 효과적이다. 그렇지만 날씨가 더운 여름에는 더 이른 시간부터 채집에 나서야 한다. 그러나 햇볕이 너무 뜨거운 1시 이후에는 딱정벌레들을 보기가 힘들어진다. 쓸어잡기 채집법은 주간에 채집하는 방법 중에서 한 번에 많은 수의 딱정벌레들을 채집하는 데 가장 적합한 방법이라고 할 수 있다.

포충망은 쓸어잡기 채집법 외에도 다양한 채집법에 응용할 수 있다. 먼저 땅 위에서 걸어가거나 앉아 있는 딱정벌레들을 채집하기 위해서는 포충망을 위에서 아래로 향하게 하여 덮는다. 그리고 날아가는 딱정벌레들을 채집할 때에는 빠르게 휘둘러 딱정벌레를 잡은 다음 포충망을 아래쪽으로 향하게 하여 한 번 감는다. 그리고 키 작은 풀들이 많은 초지대에서는 포충망을 옆으로 세워서 풀들을 훑는 방식으로 채집을 한다. 그리고 높이 또는 빠르게 날아다니는 딱정벌레들을 채집하는 데에는 포충망이 가장 효과적이기 때문에 곤충 채집에는 기본적으로 포충망이 있어야 한다.

에 살며 잎을 먹는
딱정벌레

3

풀잎 끝에서 이슬 방울이 떨어지면 그 이슬을 맞은 딱정벌레들이 잠에서 깨어난다. 아침 햇살에 풀잎 위의 이슬이 마르면 풀잎을 삶의 터전 삼아 살아가는 수많은 딱정벌레들이 활동하기 시작한다. 먼저 깨어난 딱정벌레들이 풀잎 위에서 이슬에 젖은 날개를 말리며 동료들을 부른다. 딱정벌레들이 하나둘씩 모이면 본격적으로 식사가 시작된다.

풀잎 하면 일반적으로는 베짱이나 메뚜기, 방아깨비 같은 풀벌레를 생각할 것이다. 그러나 이런 풀벌레들은 한여름이 되어야만 만날 수 있다. 봄에는 풀잎 위를 딱정벌레 친구들이 차지한다. 그리고 여름이 되면 풀벌레들에게 자리를 양보한다.

식물들의 생명 유지 수단이 광합성을 하는 잎인 데도 식물을 미워하는지, 딱정벌레들은 잎을 유난히도 잘 먹는다. 나뭇잎과 풀잎 위에서 살아가는 딱정벌레들에는 잎벌레, 가뢰, 바구미, 무당벌레, 거위벌레, 방아벌레 등이 있다.

잎 위에서 가장 쉽게 볼 수 있는 잎벌레들은 나뭇잎 위에 자리를 차지하고 파티를 벌인다. 나뭇잎을 잘 먹는 잎벌레는 나무의 성장을 방해하는 해충이다. 식물의 종류에 따라서 다양한 잎벌레들이 모여든다.

풀잎 위에 모이는 딱정벌레 하면 초봄에 새로 나온 새싹들을 맛있게 갉아먹는 가뢰를 빼 놓을 수 없다. 가뢰는 칸타리딘이라는 특이한 성분을 가지고 있어서 약으로 이용되는 약용 곤충 중의 하나이다. 가뢰들은 초봄에 번식을 마치고 사라

지기 때문에 초봄이 아니면 보기가 힘들다. 주둥이가 아주 긴 길쭉바구미도 가릐 못지않게 잎들을 아주 잘 갉아먹는다. 그리고 농작물에 피해를 입히는 진딧물들을 잡아먹는 무당벌레도 잎에서 만날 수 있다.

풀잎을 먹는 것만으로는 만족하지 못하고 가만 놔두지 않는 딱정벌레로 거위벌레가 있는데, 목이 긴 이 딱정벌레는 풀잎들을 말아서 알을 낳을 요람을 만든다. 그리고 잎을 먹기보다는 잎 위에서 노는 방아벌레들이 있다.

수풀이 우거진 산이 있는 곳이면 어디든지 쉽게 딱정벌레들을 만날 수 있다. 그곳에 그들의 먹이와 삶의 터전이 있기 때문이다. 그러면 지금부터 잎 위에서 살아가는 딱정벌레의 왕국으로 떠나 보자.

열점박이별잎벌레

학명	*Oides decempunctatus*
서식지	야산의 산포도나 담쟁이 덩굴의 잎.
활동기	8월과 9월 사이.
몸길이	10~13밀리미터.
분포	한국, 중국 등지.
특징	딱지날개에 10개의 점이 있는 우리나라에서 가장 큰 잎벌레이다. 몸빛은 황갈색이며 더듬이의 끝부분은 검은색이다.
생태	포도나무 등의 잎을 먹고사는 해충이다. 둥그런 몸통 때문에 무당벌레와 혼동하는 사람도 많지만 더듬이의 길이가 무당벌레보다는 훨씬 더 길다.

무진장 여객과 딱정벌레 – 잎벌레와 풍뎅이

1995년 여름, 비틀스는 방학을 맞이하여 처음으로 남부 지방으로 채집을 가기로 했다. 출발하는 날, 우리는 동이 트기 전부터 서울역에 모였지만 플랫폼을 찾지 못해 헤매다가 간신히 기차에 올랐다. 무거운 채집 장비를 들고 뛰느라 헐떡거리는 숨을 달래는 사이에 기차는 서울역을 출발했고, 파노라마처럼 펼쳐지는 차창 밖의 풍경이 우리를 사로잡았다. 철길 위로는 무더위를 예고하는 아지랑이가 하늘하늘 피어올랐다.

영동역에서 내린 우리는 채집 중에 먹을 것들을 사기 위해 장을 봤다. 먹고 싶은 게 너무 많았던지 몇 박스 가득 먹을거리를 샀다. 채집을 가면 흔히 그렇듯이 등에 배낭과 텐트를 메고 손에는 먹을거리가 담긴 박스를 들고 다니는 일은 남자들의 몫이었다. 자동차도 없이 오직 체력 하나만 믿고 딱정벌레를 찾아다니던 시절이었다.

영동역 근처에서 무주 구천동으로 유명한 덕유산으로 가는 버스에 올랐다. 덕유산 근처에 내렸지만 그곳은 야영을 할 수 있는 장소가 아니었다. 여기저기 물어보고 다닌 끝에 야영장으로 가는 또 다른 버스를 찾았다. 타고 보니 버스 회사 이름이 '무진장 여객'이었다. 다른 손님은 하나도 없었다. 우리는 전세 낸 것처럼 희희낙락 콧노래를 부르며 흥겹게 버스 여행을 즐겼다. 그동안 버스는 덕유산의 어느 산자락 사이로 달려갔다.

이윽고 버스는 야영장이라는 곳에 도착을 했다. "아저씨, 여기 야영장 맞아요?"라는 우리 질문에 운전사 아저씨 왈(曰), "그래 맞아." 다 왔다는 생각에 성급히 내렸다. 그러나 그곳은 야영장도 채집지도 아닌 어중간한 곳이었다. 엉뚱한 곳에 떨어뜨려진 우리는 하늘을 보

며 돌아간 버스를 붙잡고 싶다는 생각만 했다. 되돌아가는 버스가 언제 있느냐고 지나가던 마을 사람에게 물어 보았다. 마을 사람은 "하루에 세 대밖에 없고 지금 나간 버스가 오늘 마지막 버스야."라고 했다. 다른 방법은 없냐고 물었더니 마을 아래로 내려가면 버스 정류장이 있는데 그곳에는 두 시간에 한 대 정도로 버스가 다닌다는 것이었다.

해지기 전에 채집지를 정해야 했던 우리는 발걸음을 재촉했다. 무거운 배낭과 텐트, 먹을거리가 든 박스를 들고 마을 아래 정류장으로 내려갔다. 여름 햇살이 너무나도 미웠고, 돈 주고 사 온 음식들을 정말로 버리고 싶었다. 땀방울은 눈을 찔렀고 온몸은 땀으로 범벅이 되었다. 정말, '무진장' 고생했다.

땀도 식히고 숨도 돌릴 겸 길가에 주저앉아 주위를 돌아보는 순간 한번도 본 적이 없는 딱정벌레를 발견했다. 황당무계한 현실이 준 피곤도 새로운 딱정벌레를 발견한 흥분 앞에 순식간에 날아갔다. 야영지를 찾아야 한다는 걱정도 제치고 수풀 속으로 들어가 풀잎들을

살펴보기 시작했다. 채집하고 보니 물방울무늬 옷을 입고 있는 열점박이별잎벌레였다.

점박이 딱정벌레

열점박이별잎벌레를 처음 보았을 때에는 뭐 이렇게 큰 무당벌레가 다 있냐 하고 생각했다. 몸이 둥글고 등에 물방울무늬가 10개 있는 게 큰 무당벌레라고 부를 만했다. 그러나 자세히 보니 무당벌레가 아니고 우리나라에서 제일 큰 잎벌레였다. 무당벌레와 비슷하지만 잎벌레는 더듬이를 보면 무당벌레와 다르다는 것을 쉽게 알 수 있다. 잎벌레의 더듬이는 무당벌레와 달리 상당히 길다.

잎벌레는 잎벌렛과(Chrysomelidae)에 속하는 딱정벌레로 전 세계적으로 3만 7000여 종이 있으며 우리나라에는 약 370종이 있다. 영어로 '잎 딱정벌레(Leaf Beetle)'라고 불리는 잎벌레는 성충이나 애벌레나 식물을 먹고살기 때문에 대부분 해충으로 분류된다. 성충은 주로 잎을 먹고 애벌레는 종에 따라 잎이나 줄기나 뿌리를 먹는다. 성

1. 버들꼬마잎벌레(*Plagiodera versicolora*).   2. 쑥잎벌레(*Chrysolina aurichalcea*).   3. 콜체잎벌레(*Cryptocephalus koltzei*).   4. 호두나무잎벌레(*Gastrolina depressa*).
사진은 알을 밴 암컷이다.   5. 접날개잎벌레.   6. 상아잎벌레(*Gallerucida bifasciata*).   7. 팔점박이잎벌레(*Cryptocephalus japanus*).

8~9. 사시나무잎벌레(*Chrysomela populi*).　10. 넉점박이큰가슴잎벌레(*Clytra arida*).　11. 황길색잎벌레(*Phygasia fulvipennis*).
12. 크로바잎벌레(*Monolepta quadriguttata*).　13. 적갈색긴가슴잎벌레(*Lema diversa*).　14. 반금색잎벌레(*Smaragdina semiaurantiaca*)(사진: 한영식).

1. 큰남생이잎벌레(*Thlaspida biramosa*).　2. 남생이잎벌레(*Cassida nebulosa*) (사진: 한영식).　3. 미동정 남생이잎벌레 (사진: 한영식).　4. 청남생이잎벌레(*Cassida rubiginosa*).

충은 주로 8~9월의 여름날에 관찰할 수 있다.

해충이긴 하지만 잎벌레는 하늘솟과의 딱정벌레들과 더불어 가장 화려한 빛깔을 자랑한다. 특히 청줄보라잎벌레(*Chrysolina virgata*)는 우리나라에서 가장 아름다운 잎벌레라고 불릴 만하다.

남생이를 닮은 잎벌레

무거운 짐을 들고 두 시간이나 걸어 간신히 버스 정류장에 도착했다. 정류장에서 우리는 덕유산 채집을 포기하고 계룡산으로 이동하기로 했다. 계룡산에 도착하여, 산길을 걸어가다가 남생이잎벌레(*Cassida nebulosa*)를 만났다. 덕유산에서 우연히 열점박이별잎벌레를 채집한 이래 정신을 온통 길가의 수풀에 두고 있었기에 볼 수 있었다. 남생이잎벌레는 남생이를 닮은 특이한 잎벌레로 남생이잎벌레아과(Cassidinae)에 속한다. 남생이잎벌레들은 잎을 갉아먹는다.

보통 한여름 낮에는 딱정벌레들을 찾아보기 힘들기 때문에 열점박이별잎벌레나 남생이잎벌레를 발견한 것은 행운이었다. 딱정벌레들의 달은 6월이다. 곤충 하면 7~8월에 가장 많을 것이라고 생각하는 게 보통이지만 딱정벌레들은 6월에 더 많이 활동한다. 딱정벌레는 너무 더운 한여름보다 기온이 많이 올라가지 않는 6월을 더 좋아하는 것 같다. 심지어 한여름이 되면 '여름잠'에 들어가는 딱정벌레들도 있다.

고슴도치 잎벌레

남생이잎벌레를 만나고 나서 계속 산길을 걸어가다가 가시에 힘을

주고 있는 가시잎벌레아과(Hispinae)의 노랑테가시잎벌레(*Dactylispa angulosa*)를 만날 수 있었다. 고슴도치가 천적이 나타나면 몸을 둥글게 말고 몸에 있는 가시를 세우는 것처럼 가시잎벌레아과의 잎벌레들은 가시를 가지고 자기 몸을 보호한다. 크기도 5밀리미터 전후로 매우 작아 눈에 잘 띄지도 않고 인기척만 느껴도 툭 하고 풀잎 아래로 떨어져 숨어 버리는 특기를 가지고 있기 때문에 채집하기 힘들다. 특히 가시잎벌레가 사는 곳은 보통 풀이 무성하기 때문에 한번 떨어지고 나면 다시 찾기 어렵다. 눈으로 보고도 잡지 못해 아쉬운 마음을 달래야만 한 것도 한두 번이 아니다.

잎벌레만큼 잎을 좋아하는 딱정벌레

여름이 무르익으면 잎벌레 말고도 풍뎅잇과(Rutelidae)에 속하는 딱정벌레들을 잎 위에서 만날 수 있다. 아름다운 몸빛에도 불구하고 이 풍뎅이들은 식물의 잎을 너무 좋아하기 때문에 주로 해충으로 분류된다. 대표적인 종으로는 풍뎅이(*Mimela splendes*), 콩풍뎅이(*Popillia mutans*), 참콩풍뎅이(*Popillia flavosellata*), 주둥무늬차색풍뎅이(*Adoretus tenuimaculatus*), 연노랑풍뎅이(*Blitopertha pallidipennis*) 등을 들 수 있다. 이들은 잎만 아니라 꽃이나 꽃가루에 이르기까지 식물의 모든 부위를 먹는다. 게다가 애벌레는 뿌리를 먹는다. 식물에 전반적으로 해를 입히는 해충이라고 할 수 있다.

1. 콩풍뎅이.　2. 연노랑풍뎅이.　3. 연노랑풍뎅이(흑색형).　4. 참콩풍뎅이.　5. 풍뎅이.

6. 등노랑풍뎅이(*Spilota plagiicollis*).　7. 카멜레온줄풍뎅이(*Anomala chamaeleon*).　8. 금줄풍뎅이(*Mimela holosericea*).　9. 주등무늬차색풍뎅이.

청가뢰

학명	*Lytta caraganae*
서식지	들이나 야산.
활동기	5월과 6월 사이.
몸길이	15~20밀리미터.
분포	한국, 중국, 일본, 시베리아 등지.
특징	금속성 광택이 있는 청록색 몸빛을 띠고 있다. 수컷의 더듬이가 두껍게 발달되어 있어서 암컷과 구별되는 남가뢰와 달리 암수의 더듬이 모양이 같다.
생태	쑥이나 등나무가 있는 곳에서 수백 마리씩 대량 발견된 적이 있다. 칸타리딘(cantharidin)이라는 물질을 분비하는 게 특징이다. 봄에 짝짓기를 하고 알을 낳는다. 알에서 깨어난 애벌레들은 풍뎅이 종류의 애벌레에 붙어 기생 생활을 한다고 하나 아직 정확한 생활사는 밝혀지지 않고 있다.

먹깨비 딱정벌레 – 가뢰

우리나라는 지방마다 유명한 먹을거리가 있다. 안동의 찜닭, 전주의 비빔밥, 춘천의 닭갈비와 막국수, 의정부의 부대찌개 등은 각 지방의 명물이다. 사람들은 자신이 사는 처지에 맞춰 얻을 수 있는 재료들을 최대한 활용해 먹을거리를 만들어 왔다. 그래서 먹을거리를 보면 그 지역의 특색과 역사를 읽을 수 있다. 동물 역시 마찬가지이다. 무엇을 먹는지 알면 그 동물의 생활사를 이해할 수 있다.

사람이나 동물이나 곤충이나 모두 먹지 않으면 살 수 없지만 지나치게 먹는 것도 좋은 일은 아니다. 우리는 그런 사람을 '먹보'라고 놀린다. 딱정벌레 세계에도 먹보가 있는데, 이 먹보 딱정벌레는 봄볕이 어린 새싹을 키울 즈음에 나타났다가 봄이 무르익어 다른 딱정벌레들이 본격적으로 활동할 때가 되면 사라진다. 먹기 좋아하고 남이 잘 활동할 때 활동하지 않는 게 할리우드 영화 「고스트 버스터」의 먹보 유령인 '먹깨비'를 생각나게 만든다.

약으로 사용되는 가뢰

햇살이 따사로워지는 봄이 되면 느린 걸음으로 공룡처럼 걸어가는 남가뢰(*Meloe proscarabaeus*)를 볼 수 있다. 긴 겨울잠에서 깨어난 남가뢰는 배가 고픈지 끊임없이 계속 먹어댄다. 갓 피어난 어린잎을 좋아하는 남가뢰는 가룃과(Meloidae)에 속하는 딱정벌레로 전 세계적으로 2000여 종이 있다고 하지만 우리나라에서는 20종 정도가 발견되었다. 남가뢰는 온몸이 푸른빛을 띠는 흑남색이다. 암컷의 경우 배 부분이 매우 커서 딱지날개 길이의 3배나 된다. 더듬이는 굵은 염주 모양이고 큰 특징이 없이 밋밋하다. 하지만 수컷의 경우에는 더

1
2

듬이의 여섯 번째 마디나 일곱 번째 마디부터 넓어진다.

검은 반점을 가진 곤충이라는 뜻으로 '반묘(斑猫)'라고도 불리는 가뢰는 예로부터 약으로 사용되었다. 가뢰를 약으로 사용하는 방법은 반창고에 지름 2센티미터 정도로 구멍을 낸 다음 그 구멍이 제일 아픈 곳에 오게끔 해서 반창고를 붙이고 그곳에다 가뢰를 놓고 반창고를 덧붙인다. 30분에서 1시간 정도 있다가 반창고를 떼면, 가뢰가 분비하는 칸타리딘(cantharidin) 물질이 피부를 자극하기 때문에 그 자리에 물집이 생긴다. 이 물집이 지속적으로 신경을 자극하면서 진통 작용을 한다. 그래서 가뢰를 '물집을 일으키는 딱정벌레(Blister Beetle)'라고도 부른다. 가뢰는 이 밖에도 신경통 치료제, 최음제, 독 등 다양한 용도로 사용되었다.

먹보의 하루

남가뢰는 다른 딱정벌레보다 배가 상당히 크다. 배가 머리와 가슴을 합친 것의 3배 이상이다 보니 아무리 먹고 먹어도 배를 다 채우지 못

하는 것 같다.

한번은 이 먹보를 채집하여 키워 본 적이 있다. 먹보에게 줄 것이 없어서 국거리용으로 다듬던 파 한 줄기를 넣어 주었더니 사각사각 먹는 게 끝이 없었다. 가는 파 뿌리 하나도 남김없이 다 먹어 치웠다.

남가뢰가 무엇을 먹을 때마다 쭈글쭈글하던 배는 풍선처럼 점점 부풀어 올랐다. 그리고 축 늘어졌다. 남가뢰는 그 늘어진 배를 바닥에 질질 끌면서도 뭐가 좋은지 또 다른 먹이를 찾아 나섰다. 남가뢰는 먹을 것만 있으면 다른 고민은 없는 거 같다. 한참 동안 먹다가 더 이상 들어갈 데가 없으면 이번에는 배설하기 시작했다. 그러고 나면 배가 쭈글쭈글 홀쭉해진다. 홀쭉해지면 몸이 가벼워져서 그런지 또 먹을 것을 찾으러 다녔다. 남가뢰는 많이 먹을수록 힘이 나는 걸까? 먹고 배설하고 또 먹기를 반복했다. 배가 몸의 3분의 2가 넘는데도 남가뢰는 느리지 않았다. 잘 먹어 건강한지 운동도 잘했다. 한번 움직였다 하면 꽤나 빠르게 움직였다. 발바리가 뛰어다니듯이 잘 돌아다녔다. 그렇게 한참 운동하고 나면 배가 고픈지 또 먹어댔다.

1. 남가뢰 암컷은 하루 종일 먹을 거리를 찾아다닌다. 사진은 남가뢰의 암컷이다.
2. 남가뢰의 짝짓기.
3. 남가뢰의 몸에서 나오는 칸타리딘은 여러 가지 약재를 만드는 데 쓰인다.
4. 날아오르는 먹가뢰의 암컷. 남가뢰 종류는 날지 못한다.

1. 청가뢰는 애반딧불이처럼 서로 반대 방향을 보면서 짝짓기를 한다.

남가뢰의 대모험

남가뢰는 4월 한 달 정도면 평생 동안 할 활동을 거의 다 마치는 것 같다. 성충으로 겨울을 나는 남가뢰는 초봄이면 겨울잠에서 깨어나는데, 새로이 돋아나는 여린 풀들을 먹으며 짝을 찾아서 짝짓기하고 땅속에 알을 낳는다. 태어난 가뢰의 애벌레는 유충 시기에 여러 번 변태를 하는 '과변태(過變態)'를 한다. 가뢰는 대개 애벌레로 네 번 과변태를 하는데 마지막 네 번째 애벌레 단계를 마치면 가을에 성충으로 탈피한다.

드물지만 남가뢰 애벌레 중에는 벌집에 기생하는 것도 있다. 알에서 막 나온 1령 애벌레가 주로 국화과 식물의 꽃 속에 숨어 있다가 꿀을 먹으러 온 뒤영벌 종류에 붙어서 벌집으로 들어간다. 그리고 난 후 벌이 꿀을 가져다 놓는 순간에 벌로부터 떨어져 알 위로 착지한다. 벌집 침투에 성공한 가뢰 애벌레는 뒤영벌의 알을 먹어 치우고 2령 애벌레로 변태한다. 그 이후에 몸이 딱딱하고 튼튼하게 되며 엷은 갈색으로 변하는데 이것이 3령 애벌레이다. 이것을 번데기로

각하는 사람들도 있다. 남가뢰 애벌레는 이후에 3령 애벌레의 껍질 속에서 4령 애벌레로 다시 한번 탈바꿈한 뒤 번데기가 되어 성충으로 우화한다.

　프랑스의 곤충학자인 파브르는 이렇게 드라마틱한 남가뢰의 생활사를 '남가뢰의 대모험'이라고 불렀다. 그렇지만 이 생활사에 대해서는 아직 학자마다 의견이 분분하다.

우리도 가뢰다

남가뢰 말고도 가뢰 종류에는 먹가뢰(*Epicauta chinensis*)와 청가뢰가 있다. 먹가뢰는 꽃에 모여드는데 1990년대 초반에 처음 채집할 때만 해도 많이 있었지만 해마다 줄어서 요즘에는 찾아보기가 힘들다. 먹가뢰의 암수는 더듬이 모양으로 쉽게 구별할 수 있다.

　청가뢰는 아름다운 푸른색 몸빛을 자랑한다. 청가뢰는 다른 딱정벌레들처럼 수컷이 암컷 위로 올라가지 않고 서로 반대편을 바라보고 짝짓기를 한다. 이것은 애반딧불이의 짝짓기에서도 볼 수 있다.

도토리밤바구미

학명	*Curculio dentipes*
서식지	참나무와 밤나무가 무성한 숲.
활동기	5월과 9월 사이.
몸길이	5~15밀리미터.
분포	한국, 일본, 중국, 시베리아 등지.
특징	몸은 황갈색의 짧은 털들로 덮여 있으며 주둥이가 굉장히 길게 튀어나와 있다.
생태	4월 중순경부터 나타나기 시작하는 도토리밤바구미의 성충은 가을까지 참나무나 밤나무의 새순과 잎을 갉아 먹으며 산다. 짝짓기를 마친 가을이면 암컷이 긴 주둥이를 이용해 도토리나 밤에 구멍을 파고 알을 낳는다. 애벌레는 도토리나 밤의 속을 파먹으며 겨울을 난다.

기린만큼 목이 긴 곤충 –거위벌레와 바구미

1

1. 거위벌레(*Apoderus jekelii*)는 딱정벌레 왕국의 작은 기린답게 목이 길다.

여섯 살 때인가, 가족과 함께 서울 대공원에 간 적이 있다. 난 그곳에서 처음으로 기린을 보았다. 자기 몸보다도 훨씬 긴 목을 가진 기린이 움직이는 것을 보니 마냥 신기했다. 먹은 것이 잘 넘어갈까? 잠은 어떻게 잘까? 여러 가지 의문을 안고 집으로 돌아왔다. 시간이 흘러서 딱정벌레를 미친 듯이 채집하던 나는 어느 날 숲 속 작은 길에서 낯선 딱정벌레 하나를 만났다. 꼭 기린을 축소시켜 놓은 것처럼 생긴 이 딱정벌레는 한가로운 숲 속에서 고독에 잠겨 있었다.

작은 거위

다른 사람들은 이 딱정벌레가 거위를 닮았다고 생각했는지 '거위벌

1~3. 나뭇잎을 말아 요람을 만드는 노랑배거위벌레
(*Cynotrachelus coloratus*).

4. 황철거위벌레.

▼ 왕거위벌레.

레' 라는 이름을 붙여 주었다. 하지만 어린 시절에 본 기린이 머릿속에 강하게 남아 있던 나는 기린을 가장 먼저 떠올렸다. 거위처럼 가늘고 긴 목을 보다 보면 그 이름도 별로 나쁘지 않다는 생각이 든다. 채집할 때에도 그 목이 부러질까 봐 자연스럽게 조심하게 된다.

거위벌레는 거위벌렛과(Attelabidae)에 속하는 딱정벌레로 우리나라에는 60종 정도가 있으며 모든 딱정벌레들 중에서 목이 가장 길다. 거위벌레는 잎에다 알을 낳고 그 잎을 돌돌 마는 특이한 습성이 있다. 그 때문에 '잎 마는 딱정벌레(Leaf Rolling Beetle)' 라고 불린다. 물론 어떤 잎을 마는지는 종류에 따라 다르다. 이 잎은 거위벌레의 애벌레들이 잘 자라도록 보호해 주는 요람이 된다. 알에서 깨어난 거위벌레는 잎으로 된 요람 속에서 애벌레로 겨울을 난다. 그리고 그 잎을 먹고 자란다.

우리나라에서 가장 큰 거위벌레는 왕거위벌레(*Paracynotrachelus longiceps*)이다. 기다란 목을 자랑하는 모습이 너무나도 특이하다. 그리고 황철거위벌레(*Byctiscus rugosus*)는 몸빛이 아름답다.

4

1~2. 복숭아거위벌레.
3. 털보바구미.
4. 흰띠길쭉바구미.
5. 노랑쌍무늬바구미.
6. 가시털바구미(*Pseudocneorhinus setosus*).
7. 털보바구미.

도토리거위벌레(*Mecorbis ursulus*)는 신갈나무, 떡갈나무, 졸참나무, 상수리나무 등의 잎과 목질 부위를 주둥이를 이용하여 통째로 잘라 버린다. 긴 주둥이에 톱니가 있어서 나무를 잘 자른다. 그래서 도토리거위벌레가 사는 참나무의 주변에서는 수북하게 쌓여 있는 잘린 잎과 가지 들을 볼 수 있다. 참나무 등에 치명적인 피해를 입힐 뿐만 아니라 도토리를 먹이로 하는 다람쥐와 청설모 등에게도 피해를 입힌다. 또 복숭아 농가에 해를 끼치는 복숭아거위벌레(*Rhynchites heros*)가 있다. 이렇게 거위벌레들 중에는 해충으로 분류되는 것들이 있다.

풀잎 뒤도 살펴봐라
거위벌레와 비슷한 환경에서 사는 딱정벌레로 주둥이가 길어 '주둥이 딱정벌레(Snout Beetle)'라고 불리는 바구밋과(Curculionidae)에 속하는 바구미가 있다.

바구미는 전 세계적으로 5만 종이 있는데 단일 분류군으로는 종

4

5

6

7

3

1

의 수가 가장 많다. 우리나라에도 370여 종이 있다. 바구미는 종류
가 다양한 만큼 사는 곳도, 먹고사는 식물도 여러 가지이다. 길쭉바
구미는 풀잎에서, 물바구미는 곡식에서, 흰점박이꽃바구미는 꽃에
서, 왕바구미는 수액이 흐르는 곳에서 만날 수 있다.

　풀잎 위에서 쉽게 만날 수 있는 바구미는 흰띠길쭉바구미(*Lixus
acutipennis*)나 털보바구미(*Enaptorrhinus granulatus*)이다. 길쭉바구
미속(*Lixus*)에 속하는 길쭉바구미(*Lixus impressiventris*)들은 사람이나
포식자가 지나가는 낌새만 채도 풀잎 앞면에서 뒷면으로 숨어 버린
다. 채집 초보자들은 바구미가 뒤로 숨는다는 것을 알지 못하기 때
문에 그냥 지나치기 일쑤다. 그러나 채집에 경험이 있는 사람들은,
바구미가 뒤로 돌아가는 것을 알고 있기 때문에 뒷면으로 숨는 바구

미들을 채집할 수 있다. 길쭉바구미들은 대부분이 선명한 붉은색을 띠지만 채집한 후에는 딱지날개를 덮고 있던 털들이 벗겨져서 검은 색으로 바뀌는 특성이 있다.

1. 길쭉바구미.
2~4. 의사 행동을 하는 바구미들. 왼쪽부터 도토리밤 바구미, 극동버들바구미(*Eucryptorrh ynchus brandti*), 흑바구미(*Episomus turritus*)이다.

풀잎 위에서 가장 이른 봄에 관찰되는 바구미가 있는데, 털이 많아 털보라는 이름이 붙은 털보바구미가 그 주인공이다. 털보바구미는 뒷다리의 종아리마디에 황백색의 긴 털이 많이 나 있다. 무늬소주홍하늘소처럼 가장 이른 봄부터 봄을 알리기 위해서 풀 위로 나오는 바구밋과의 대표적인 딱정벌레이다.

바구미들의 공통적인 특징은 의사 행동, 즉 죽은 척을 잘한다는 것이다. 죽은 척 하는 것만 본다면 앞에서 이야기한 조롱박먼지벌레보다 한 수 위인 것 같다. 바구미의 몸 구조는 길쭉한 입과 다리들을 적으로부터 보호할 수 있도록 되어 있다. 바구미들의 입을 앞으로 숙이면 그 입이 가슴 부위의 패어 있는 홈으로 병뚜껑이 병에 딱 들어맞듯이 들어간다. 그리고 배에도 홈이 패어 있어 다리들을 자연스럽게 감출 수 있도록 되어 있다. 다리를 오므리고 머리를 집어넣으면 곤충이 아닌 것처럼 보이게 된다. 이러한 의사 행동과 몸 구조 덕분에 바구미들은 천적으로부터 자신의 몸을 보호할 수 있었고, 자연에서 가장 큰 집단이 될 수 있었던 것이다.

1. 풀잎 위의 털보바구미.

대유동방아벌레

학명	*Agrypnus argillaceus*
서식지	산의 나뭇잎이나 풀잎 위.
활동기	5월과 7월 사이.
몸길이	14~16밀리미터.
분포	한국, 중국, 대만, 시베리아 등지.
특징	몸은 전체적으로 둥근 타원형이고 흑갈색이지만 등쪽은 미세하 적갈색의 털로 덮여 있다. 보통 잎에서 생활하는데 위험을 감지하면 잎에서 뛰어내리거나 몸을 뒤집어 앞가슴의 돌기를 이용하여 뛰어오른다.

풀잎 위의 다이빙 선수 –방아벌레와 무당벌레

다이빙 경기를 처음 본 것은 1988년 서울 올림픽 때였다. 그때 본 다이빙 선수들의 공중 묘기는 어린 나를 매료시켰다. 그런데 딱정벌레의 세계에도 다이빙 선수들에 못지않은 다이빙 선수들이 있다.

1994년의 어느 봄날 뭔가가 툭툭 튀는 소리에 잠에서 깨었다. 전날 채집을 다녀온 후 책상 위에 줄지어 세워 놓은 필름 통에서 툭툭 소리가 들렸다. 대체 어떤 딱정벌레가 이렇게 툭툭 소리를 내는지 궁금했기에 필름 통을 하나씩 살펴봤다. 필름 통의 뚜껑을 여는 순간 무엇인가가 똑딱 하는 소리와 함께 높이 튀어올랐다. 필름 통 안에는 아무것도 없었다. 급하게 책상 밑을 살펴보았다. 그곳에는 뒤집어진 채 바동대는 딱정벌레 세계의 다이빙 선수가 있었다.

방아를 찧으며 탈출하다

방아벌레는 하늘 높은 줄 모르고 뛰어올랐다가 땅으로 멋있게 다이빙한다. 앞가슴 뒷부분에 있는 돌기를 지렛대 삼아 뛰어오른다. 이때 나는 소리가 방아 찧는 소리를 닮았다고 해 '방아벌레'라고 한다.

방아벌레는 방아벌렛과(Elateridae)에 속하는 딱정벌레로 전 세계적으로 9000여 종이 있으며 우리나라에서는 약 80종이 보고되었다. 방아벌레는 '똑딱 딱정벌레(Click Beetle)'라고 하는데 똑딱 소리를 낸다고 해서 붙은 이름이다. 예전에는 '똑딱벌레'라고 부르기도 했다.

방아벌레의 다이빙 솜씨는 일종의 방어 행동인데, 경험 많은 채집가도 풀잎 위에 앉아 있는 것을 눈으로 보고도 멋진 다이빙 솜씨에 홀려 놓치기 쉽다. 채집하다가 빈 통인지 알고 잘못하여 채집통을 열면 톡 하고 튀어서 달아난 적도 한두 번이 아니다. 특히 풀숲에서

그런 일이 벌어지면 다시 잡을 수가 없기 때문에 땅을 치고 통곡을 한다. 이렇게 작은 틈도 놓치지 않고 잘 도망가는 것이 방아벌레의 생존 전략이다.

방아벌레의 성충은 땅, 식물, 썩은 나무 또는 나무껍질 아래에서 찾을 수 있다. 방아벌레의 애벌레는 흙 속에서 사는데 몸이 길고 윤기 있고 단단해서 '철사 벌레(Wireworm)' 라고 불린다. 그렇지만 애벌레가 나무껍질 아래나 썩은 나무 그리

고 이끼에서 사는 종류들도 있다. 방아벌레는 꿀이나 꽃가루도 먹고 때때로 진딧물과 같은 부드러운 몸을 가진 곤충을 먹기도 한다. 잎이 주식은 아니지만 잎 위에서 활동하는 시간이 많아서 잎 위에서 흔하게 볼 수 있다. 산에서는 방아벌레 중에서도 아름다운 붉은색 몸매를 자랑하는 대유동방아벌레와, 쇠가 녹슨 것 같은 몸빛을 가진 녹슬은방아벌레(*Agrypnus binodulus*)를 쉽게 볼 수 있다.

1. 검정테광방아벌레(*Chiagosinus vittiger*).
2~5. 미동정 방아벌레.
6. 크라아츠방아벌레(*Gambrinus Kraatzi*).
7. 왕빗살방아벌레 (사진: 한영식).

야행성 방아벌레

해가 지고 밤이 되면 주행성의 곤충들은 사라지고 야행성 곤충들의 세상이 된다. 어둠이 내려앉은 산에서 채집용 수은등을 켜면 얼마 지나지 않아 딱정벌레를 비롯한 야행성 곤충들이 몰려들기 시작한다. 때때로 우리나라에서 가장 큰 방아벌레인 왕빗살방아벌레(*Pectocera fortunei*)가 날아오기도 한다. 또 우리나라에서 가장 작은 방아벌레 중 하나인 꼬마방아벌레(*Aeoloderma agnata*)도 만날 수 있다.

이 방아벌레들은 꽃에서 사는 주행성 종류가 아니라 썩은 나무나 식물의 뿌리 등을 먹고사는 야행성 종류이다. 몇몇 방아벌레들은 감자나 옥수수 등의 뿌리나 씨를 먹는 일종의 해충이지만 대부분의 방

아벌레는 우리 생활에 피해를 주지 않는다. 한대 지방에 사는 방아벌레들은 대부분 주행성이지만 열대 지방에 사는 종류들은 야행성이 많다. 이것은 너무 덥거나 추우면 활동하기 힘들어지기 때문에 활동하기 좋은 적당한 온도에서 활동하려고 그렇게 적응한 것 같다.

방아벌레는 냄새와 촉감으로 의사소통을 하는 것이 보통이지만 어떤 방아벌레는 반딧불이처럼 몸에서 내는 빛으로 의사소통을 한다. 열대에 사는 피로포루스속(*Pyrophorus*)의 몇몇 종은 반딧불이보다 더 밝은 빛을 낸다. 아무튼, 방아벌레는 이런저런 의사소통을 통해서 짝짓기를 하고 나면 20~100개 정도의 알을 흙에 낳는다.

치어리더 딱정벌레

방아벌레를 다이빙 선수라고 한다면 무당벌레는 방아벌레의 다이빙을 화려한 옷을 입고 응원하는 치어리더이다. 무당벌레 종류는 점의 모양이나 몸빛이 개체에 따라 다 다르다. 같은 종이라는 생각을 할 수 없을 정도로 개성적인 딱지날개를 가지고 있다. 마치 스포츠 경기의 흥을 돋워 주는 치어리더와 같이 다양하고 화려한 패션을 자랑한다.

무당벌레(*Harmonia axyridis*)는 무당벌렛과(Coccinellidae)에 속하는 딱정벌레로 전 세계적으로 5000여 종, 우리나라에는 약 80종이 있다고 한다. 무당의 옷을 연상시키는 화려한 무늬와 반점들 때문에 '무당벌레' 라는 이름이 붙었는데, 이것은 일종의 경고색이다. 무당벌레 외에도 경고색을 이용하는 딱정벌레로는 딱지날개에 화려한 붉은색 무늬가 있는 송장벌레가 있다.

무당벌레는 건드리기만 해도 체액을 배출하는데 이 냄새가 상당히 고약하다. 이 고약한 냄새로 천적들을 쫓아 버릴 수 있다. 그러나

1~5. 무당벌레의 생활사. 번호 순서대로 짝짓기, 알, 애벌레, 번데기, 성충이다. 6. 변이된 딱지날개를 가진 무당벌레.

고약한 냄새와는 달리 무당벌레는 '숙녀 딱정벌레(Ladybird 또는 Ladybug)'라는 영어 이름처럼 우아한 숙녀 대접을 받기도 한다. 옛날 우리나라에서는 바가지를 엎어 놓은 뒷박처럼 보인다고 해서 '뒷박벌레'라고 부르기도 했다.

1. 칠성무당벌레(사진: 한영식).

2~4. 무당벌레는 종마다 특색 있는 딱지날개를 가지고 있다. 심지어는 같은 종끼리도 변이 때문에 다른 무늬의 딱지날개를 갖기도 한다. 순서대로 칠성무당벌레, 달무리무당벌레(*Anatis halonis*), 변이된 딱지날개를 가진 무당벌레이다.

살아 있는 농약

가장 유명한 무당벌레는 딱지날개에 북두칠성처럼 7개의 별을 가진 칠성무당벌레(*Coccinella septempunctata*)이다. 다른 무당벌레와 같이 진딧물이나 깍지벌레를 잡아먹는 육식성 딱정벌레이다. 진딧물이 많이 있는 곳이라면 어디든지 나타나서 진딧물을 잡아먹는다. 사람들은 이 성질을 이용해 칠성무당벌레나 무당벌레를 농작물의 진딧물을 잡는 데 이용한다. 환경이나 사람 몸에 안 좋은 영향을 줄 수 있는 농약 대신 무당벌레를 살포하는 것이다. 살아 있는 농약인 셈이다.

'숙녀 딱정벌레'라는 이름도 딱정벌레의 이 성질과 관련이 있다. 중세 유럽에서 있었던 일인데, 어느 해인가 진딧물이 번성해 포도 농사를 다 망치게 될 뻔한 적이 있었다. 절망한 농부들은 신에게 기도했다. 그러자 어디에선가 무당벌레들이 떼를 지어 나타나 진딧물을 모두 잡아먹었다. 농부들은 이것을 성모 마리아(중세 때에는 'Our

Lady'라고 부르곤 했다.)의 기적이라고 해 무당벌레를 '성모의 딱정벌레(Ladybug)'라고 부르기 시작했다. 현대의 환경 운동가인 존 라이언은 무당벌레를 '지구를 살리는 일곱 가지 불가사의한 물건' 중 하나로 꼽는다. 화학 농약의 대안이라는 것이다.

외국에서는 오래전부터 무당벌레를 생물 농약으로 이용하는 방법을 연구해 왔고 몇 년 전에는 방사능을 이용한 유전자 조작으로 날지 않고 한 지역에서만 사는 무당벌레를 개발했다는 소식이 언론에 실리기도 했다. 하지만 이야기가 방사능, 유전자 조작까지 이르면 정말로 무당벌레 농약이 환경에 도움되는지 헷갈린다. 무당벌레가 인공적으로 대량 생산되면 어떤 부작용을 낳을지 짐작할 수 없기 때문이다.

감자 위의 달마시안과 남생이

환경 친화적 농업의 주인공으로 화려한 스포트라이트를 받는 칠성 무당벌레와는 달리 됫박처럼 생긴 투박한 딱지날개를 걸치고 오로지 잎만을 갉아먹으며 살아가는 무당벌레가 있다. 바로 무당벌레붙

이아과(Epilachninae)에 속하는 큰이십팔점박이무당벌레(*Henosepilachna vigintioctomaculata*)이다. 달마시안 강아지처럼 온몸에 검은색 점이 있는 딱정벌레로 칠성무당벌레와는 달리 식물의 잎을 갉아먹는 해충 중의 해충이다. 특히 감자의 잎을 잘 먹는다.

그리고 남생이잎벌레보다 더욱 남생이를 닮은 남생이무당벌레(*Aiolocaria hexaspilota*)가 있다. 이 남생이무당벌레는 무당벌레 중에서 가장 크다. 큰이십팔점박이무당벌레와 마찬가지로 잎에 피해를 주는 해충이다. 그리고 유사한 종류로 꼬마남생이무당벌레(*Propylea japonica*)가 있는데 마치 남생이무당벌레를 축소해 놓은 것 같다.

우리도 방아벌레처럼 다이빙을 즐긴다. 다이빙이나 번지 점프를 하면 잠시 동안이나마 방아벌레의 스릴을 만끽할 수 있을 것이다. 그러나 오락일 뿐인 우리의 다이빙과는 달리 방아벌레의 다이빙은 천적으로부터 도망하기 위한 목숨을 건 모험일 것이다.

1. 칠성무당벌레의 애벌레.

2. 칠성무당벌레.

3. 큰이십팔점박이무당벌레의 애벌레는 온몸에 수십 개의 가시가 있는 게 특징이다.

4. 큰이십팔점박이무당벌레가 잎을 갉아먹는 모습.

▼ 남생이무당벌레.

1. 꼬마남생이무당벌레.

털어잡기 채집법과 관찰 채집법

준비물

우산, 채집통, 막대기
흰 천 (망)

나무의 꽃이나 잎에 모이는 딱정벌레들을 채집하기 위한 방법으로 털어잡기 채집법과 관찰 채집법이 있다. 털어잡기 채집법은 나뭇가지나 풀, 꽃, 버섯, 볏짚 등을 막대기로 두드려서 떨어지는 곤충을 채집하는 방법이고, 관찰 채집법은 눈에 보이는 딱정벌레를 손으로 잡아서 채집통에 넣는 방법이다.

털어잡기 채집법을 이용할 때에는 흰 천이나 망을 받쳐 놓는 게 보통이지만 우산을 받쳐놓기도 한다. 관찰 채집법은 가장 기본적인 채집법으로 곤충을 담는 통만 있으면 어디서나 가능한 방법이다.

털어잡기 채집법을 사용하여 채집할 때에는 무엇보다 나무에 벌 같은 위험한 곤충들이 살고 있는지 확인해야 한다. 잘못하여 벌집이 있는 나무를 건드리게 되면 상당히 위험하기 때문이다. 그리고 관찰 채집법으로 채집할 때 나무가 벼랑 끝에 있다면 추락 사고에 주의해야 한다. 또 나무의 아랫부분에 있는 땅벌 집을 밟지 않도록 조심해야 한다.

털어잡기 채집법은 주로 키가 큰 나무나 손이 닿지 않는 높은 곳에서 사는 곤충을 채집할 때 사용하는 방법이다. 반대로 관찰 채집법은 꽃이나 잎이 무성한 장소에서 사는 곤충을 채집하는 데 효과적이다.

털어잡기 채집법을 이용하면 나무 종류에 따라 어떠한 곤충이 서식하는지 확인할 수 있고 곤충들의 밀도를 측정하기 좋다. 관찰 채집법은 곤충이 생활하는 것을 직접 볼 수 있기 때문에 딱정벌레의 생태를 파악하는 데 가장 좋은 방법이고, 사진 촬영을 하는 경우에도 가장 기본적인 방법이라 할 수 있다.

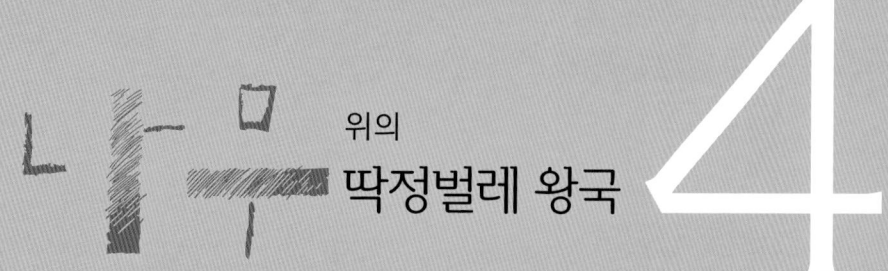

나무 위의
딱정벌레 왕국

4

새들이 지저귀는 산길을 따라가다 보면 뭐라 말할 수 없는 좋은 향기로 가득한 숲을 만날 수 있다. 누군가가 만들어 둔 나무 벤치에 누워 눈을 감으면 촉촉하게 밀려드는 향기에 스르르 잠이 들어 버린다. 오래된 고목이 많은 커다란 숲일수록 더욱더 상쾌하다.

오랜 세월 변함없이 숲을 지켜 온 나무에서는 수액이 흘러나온다. 고로쇠물이라고 하여 고로쇠나무에서 뽑아낸 수액을 먹어 본 사람들도 있을 것이다. 사람들은 건강에 좋다고 하면 만사를 제치고 사 먹는다. 겨울이 끝나고 봄이 시작될 무렵 나무가 봄을 준비하기 위해 땅에 물을 빨아들일 때가 되면 고로쇠물 장사꾼들이 고로쇠나무 여기저기에 흉하게 구멍을 뚫어 놓고 수액을 뽑는 모습을 흔하게 볼 수 있다. 인간만큼은 아니지만 딱정벌레들도 영양 만점의 수액을 좋아한다. 수액이 흐르는 나무라도 있으면 앞 다투어 모여든다.

나무의 수액이 흘러나오는 곳이면 어김없이 나타나는 딱정벌레가 사슴풍뎅이와 풍이이다. 사슴풍뎅이와 풍이는 풍뎅이상과에 속하는 딱정벌레로 주로 수액을 먹고산다. 사슴풍뎅이만큼이나 수액을 좋아하는 딱정벌레로는 커다란 바구미인 왕바구미, 나무에서 수액을 먹으며 살아가는 나무쑤시기, 밑빠진벌레 등이 있다.

나무들이 병이 들거나 벼락을 맞거나 하면 죽는다. 그러면 죽은 나무를 먹으며 살아가는 수많은 종류의 딱정벌레들 모여 그곳을 삶의 터전 삼

아 살아가게 된다.

죽은 나뭇더미에서 살아가는 딱정벌레들에는, 비단처럼 아름다운 모습을 한 비단벌레, 범처럼 줄무늬를 가진 것이 특징인 줄범하늘소, 개미처럼 빠른 걸음으로 걸어 다니며 작은 곤충을 잡아먹는 개미붙이가 있고, 머리가 유난히 큰 머리대장이 있다. 그 외에도 표본벌레, 나무좀, 수시렁이 등이 있다.

이렇게 숲 속의 나무는 살아 있을 때나 죽었을 때나 수많은 딱정벌레들에게 삶의 터전을 제공한다. 하나의 숲에는 나무의 종류보다 더 다양한 종류의 딱정벌레들이 살고 있다. 그러면 지금부터 나무를 삶의 터전으로 하여 살아가는 딱정벌레들의 왕국으로 떠나 보자.

사슴풍뎅이

학명	*Dicranocephalus adamsi*
서식지	수액이 흐르는 나무.
활동기	5월과 6월 사이.
몸길이	16~26밀리미터.
분포	한국, 중국 등지.
특징	몸은 검은색이지만 표면에 회백색의 가루가 덮여 있다. 수컷의 머리에는 사슴의 뿔 모양의 장식이 발달되어 있으나 암컷에는 없다. 암컷의 몸빛은 검은색에 가까운 적갈색이다.
생태	수액이 흐르는 곳이면 수액을 먹기 위하여 나타난 사슴풍뎅이를 쉽게 볼 수 있다. 또 그 근처에서 암컷을 차지하려는 수컷끼리의 싸움도 관찰할 수 있다. 운이 좋으면 나무 하나에 수백 마리가 모여 있는 것을 발견할 수 있다. 그렇지만 지금은 서식지의 훼손으로 개체 수가 많이 줄었다.

바나나를 좋아하는 친구 –사슴풍뎅이

요즘 차가 막히는 곳이면 바나나를 싸게 파는 사람들을 흔히 볼 수 있다. 그렇지만 내 초등학교 시절, 1980년대만 해도 바나나는 잘사는 집 아이들이나 먹던 것이었다. 바나나 자랑하는 친구 주변에는 아이들이 입맛을 다시며 모여들었고, 어떻게든 한입만이라도 먹고 싶던 아이들은 친구들에게 잘 보이려고 재롱을 떨었다. 결국 그 친구가 먹어라 그러면 기쁨에 찬 표정으로 한입 베어 먹던 바나나. 바나나 좋아하는 사슴풍뎅이를 채집하다 보면 어린 시절 기억이 떠올라 나도 모르게 미소를 짓고는 한다.

2001년 어느 봄날 조용한 새벽 쉽게 뜨이지 않는 눈을 비비며 전철역으로 급하게 나갔다. 다행히도 아주 늦지는 않았는지 역 앞에 다다랐을 때 멀리서 전철이 들어오는 것이 보였다. 저 전철을 놓치면 큰일 난다는 생각에 젖 먹던 힘까지 내서 달려갔다. 닫히는 전철 문 사이로 아슬아슬 몸을 밀어 넣었고, 빈자리가 눈에 띄자마자 냉큼 앉았다. 아침의 몽롱함이 잠들라고 유혹했지만 참아야 했다. 자다가 춘천 가는 기차로 갈아탈 성북역을 지나치면 안 되었기에 졸음에 지친 눈을 감지 않으려고 무진 애를 썼다.

눈을 비비며 성북역에서 내렸다. 휴 하는 한숨을 뒤로하고 또 급하게 걸어갔다. 왜냐하면 춘천 가는 기차가 3분 뒤에 출발하기 때문이었다. 겨우 기차에 타고 머리를 의자 등받이에 대는 순간 잠이 들었다. 아침부터 이렇게 서두른 것은 바나나를 좋아하는 딱정벌레를 만나기 위해서였다.

기차는 어느 새 강촌에 도착했고 그곳에서 쟁골 가는 버스로 갈아탔다. 쟁골에 도착한 나는 천천히 여러 종류의 딱정벌레들을 채집하

면서 산길을 걸었다. 그러나 머릿속에는 온통 사슴풍뎅이에 대한 생각뿐이었다. 설레는 마음을 가다듬으며 며칠 전에 바나나 함정을 만들어 놓은 나무 밑으로 갔다. 기대대로 나무에 발라 둔 바나나를 맛있게 먹고 있는 사슴을 만날 수 있었다.

나무 위의 사슴

숲에 있는 나무에 바나나나 설탕물 같은 달콤한 물질을 발라 놓으면 수액을 좋아하는 곤충들이 모인다. 이 성질을 이용하는 것이 일종의 유인 채집법인데, 달콤한 것을 좋아하는 딱정벌레를 쉽게 채집할 수 있는 좋은 채집법이다. 바나나를 발라 놓으면 유난히도 바나나를 좋아하는 사슴풍뎅이를 만날 수 있다.

사슴풍뎅이는 꽃무짓과(Cetoniidae)에 속하는 딱정벌레로, 대부분의 꽃무짓과 딱정벌레들이 그렇듯이 매우 잘 난다. 그래서 날아다니는 사슴풍뎅이를 포충망으로 채집하는 것보다는 정신없이 바나나에 먹고 있는 사슴풍뎅이를 채집하는 것이 훨씬 쉽다. 사슴풍뎅이는 바나나를 좋아하는 어린이들보다 더 열심히 바나나를 먹는다. 사람이

다가가는 것도 모른 채 오로지 먹는 데 여념이 없다. 조심스럽게 사슴풍뎅이를 지켜보다가 카메라 셔터를 눌러도 꿈쩍도 안 한다. 게다가 채집통에 넣으려고 손으로 잡으면 바둥거리는 모양이 바나나 먹겠다고 떼를 쓰는 어린이 같다.

　사슴풍뎅이는 암수가 확연히 구별된다. 사슴풍뎅이의 세계에서는 싸움을 잘하고 뿔이 멋진 수컷이 암컷에게 인기가 있는 모양이다. 그래서인지 몰라도 수컷의 사슴풍뎅이는 멋진 뿔을 자랑한다.(실제로는 멋진 뿔을 가진 수컷보다는 싸움을 잘하는 힘센 수컷이 암컷을 차지한다.) 게다가 '사슴풍뎅이'라는 이름도 수컷 사슴풍뎅이의 뿔이 사슴의 뿔과 비슷하게 생겨서 붙은 듯하다. 암컷은 뿔이 없고 색깔 또한 검은색에 가까운 적갈색이다.

한가락 하는 성격

사슴풍뎅이 수컷 두 마리와 암컷 한 마리를 집으로 가져와서 바닥에 자그마한 돌을 깐 사육함에 넣어 두었다. 그리고 무슨 행동을 하는지 가만히 지켜 보았다. 사슴풍뎅이는 성질이 사납다. 결코 얌전하

1. 정신없이 바나나를 먹고 있는 사슴풍뎅이.
2. 사슴풍뎅이는 가까이에서 사진을 찍어도 잘 도망가지 않는다.
3. 사슴풍뎅이 암컷은 수컷과 전혀 다르게 생겼다.
4. 사슴풍뎅이의 짝짓기 모습.

1. 덩치로 상대방을 위압하려는 듯 몸을 일으켜 세운 사슴풍뎅이.
2. 짝짓기 때가 되면 숲 속에서는 사슴풍뎅이의 결투가 벌어진다.

게 있는 법이 없다. 자기 비위를 거스르면 곧바로 성질을 부린다. 얼마나 성질이 사나운지 자기 분을 참지 못하고 일어나 기다란 다리를 치켜세우다가 뒤로 넘어지거나 앞으로 엎어진다. 사슴풍뎅이를 약을 올리듯이 툭툭 건드리면 긴 다리를 치켜 올리는 폼이 너무나도 우습다.

사육함에 넣어 두고 조금 지나자 수컷 두 마리 사이에 싸움이 벌어졌다. 암컷 쟁탈전이 벌어진 것이다. 수컷 한 마리가 암컷에게 다가가 구애하면서 긴 다리를 이용하여 암컷을 감쌌다. 그렇지만 이내 또 다른 수컷이 다가가 암컷에게 구애하는 수컷을 끌어냈다. 드디어 본격적인 싸움이 시작되었다. 수컷들은 긴 다리와 뿔을 가지고 싸웠다. 먼저 긴 다리로 권투 선수가 잽을 날리듯이 먼 거리에서 툭툭 쳤다. 그러다가 뿔로 강펀치를 한 방 날려 상대를 제압했다. 한참을 싸

우다가 한쪽이 다리가 뒤틀렸는지 절룩거렸다. 나중에 덤빈 수컷이 이긴 것이었다. 다리를 다친 사슴풍뎅이는 한쪽 구석으로 가더니 아무것도 하지 않고 쭈그리고 있었다. 싸움에 이겨 기세등등한 수컷이 암컷에게 당당하게 구애했다. 사랑은 쟁취하는 것이라고 했던가? 이 사실을 누구보다 사슴풍뎅이가 제일 잘 아는 것 같았다.

사슴풍뎅이는 쉽게 볼 수 있는 딱정벌레가 아니다. 개발 때문에 자연 서식지가 끊임없이 파괴되고 있어 해마다 그 수가 줄고 있다. 얼마 전 동강에서 집단 군락이 발견되었는데 동강이 사람들에게 알려진 후 환경이 많이 파괴되어 사슴풍뎅이를 보기가 힘들어졌다. 얼마 전까지 보호종이었던 장수풍뎅이는 여러 사람의 노력으로 사육에 성공했다. 이제는 어디에서나 키울 수 있다. 마찬가지로 멸종 위기에 놓여 있는 사슴풍뎅를 사육할 수 있게 된다면 자연을 보전하는 데 큰 도움이 되리라 본다.

▼ 나무 위의 사슴풍뎅이.

왕바구미

학명	*Sipalinus gigas*
서식지	수액이 흐르는 나무.
활동기	6월과 9월 사이.
몸길이	15~25밀리미터.
분포	한국, 일본, 중국 등지.
특징	몸은 검은색이지만 회갈색의 가루가 덮여 있다. 주둥이가 코끼리 코처럼 길게 발달되어 있으며 표본용 핀이 박히지 않을 정도로 단단한 딱지날개를 가지고 있다.
생태	고목에서 흘러나오는 수액을 먹고산다. 야행성으로 불빛을 보고 날아오기도 한다. 나무껍질 아래에 알을 낳는데, 그곳에서 우화하고 나온 애벌레는 나무를 먹으며 자란다.

코끼리의 작은 친구 – 왕바구미, 소바구미, 나무좀

"코끼리 아저씨는 코가 손이래, 과자를 주면은 코로 받지요." 코끼리는 코로 못 하는 것이 없다. 시원한 물을 뿜어서 몸에 습도를 유지하기도 하고 필요한 물건을 옮기기도 한다. 코끼리는 어떤 동물보다도 코가 잘 발달되어 있다. 딱정벌레 왕국에도 코끼리처럼 긴 주둥이를 유용하게 사용하는 딱정벌레들이 있다. 때로는 가위로 사용하고 때로는 구멍 뚫는 드릴로도 쓴다. 이번에는 발달된 주둥이를 자랑하는 나무 위의 코끼리를 만나 보자.

푹푹 찌는 더위가 계속되던 2001년 여름, 사우나도 바깥 날씨보다는 시원할 것 같았다. 한참 동안 방안에서 선풍기와 씨름을 하다가 볼일을 보기 위해 어머니와 함께 집을 나섰다. 그러나 아파트 출구에서 딱정벌레를 발견했다. 어머니께 "잠깐만요." 하고는 엘리베이터를 다시 타고 집으로 올라간 다음 방으로 급히 들어갔다.

'제가 왜 저러나?' 하시는 어머니 곁에서는 옆집 아주머니가 시골에서 가져온 쌀에 벌레가 생겨서 벌레를 고르고 계셨다. 장판 위에 펼쳐 놓은 쌀들 사이로 딱정벌레들이 활개를 치고 있었다. 부리나케 채집통을 들고 나와서는 엘리베이터 탈 정신도 없이 계단으로 뛰어 내려왔다. 무더운 여름날 쌀에서 피서를 즐기고 있던 딱정벌레들을 정신없이 채집통에 주워 담았다.

쌀 위의 작은 코끼리

그 딱정벌레는 어리쌀바구미(*Sitophilus zeamais*)였다. 쌀바구미는 왕바구밋과(Rhynchophoridae)에 속하는 딱정벌레로 우리나라에서는 10여 종이 보고되었다. 우리나라 사람들의 주식인 쌀의 해충이다.

요즘에는 쌀을 재배할 때에 개량된 종자를 써서 그런지 몰라도 웬만한 쌀에서는 바구미를 볼 수가 없다. 쌀바구미를 익히 알고는 있었지만 이렇게 많은 쌀바구미를 채집한 것은 처음이었다.

1. 쌀 속의 어리쌀바구미들.

왕바구밋과와 콩바구밋과(Bruchidae)에 속하는 딱정벌레들 중에는 곡물 해충이 특히 많다. 그래서 '곡식 바구미(Grain Weevil)'라고 불리기도 한다. 왕바구밋과의 어리쌀바구미는 쌀, 보리, 옥수수, 메밀 등의 곡류와 건조 식품에 큰 피해를 입히는 해충이고, 콩바구밋과의 팥바구미(*Callosobruchus chinensis*)는 팥, 강낭콩, 완두 등의 해충이다.

나무 위의 장갑차

자그마한 바구미는 곡물을 좋아하지만 커다란 바구미는 나무의 수액을 좋아한다. 왕바구미는 왕바구밋과에 속하는 딱정벌레로 주둥이가 길어서 '부리 곤충(Billbug)'이라고 불리기도 하고 나무의 수액을 먹으며 생활하기 때문에 '코쟁이 나무껍질 딱정벌레(Broad-nosed Bark Beetle)'라고도 불린다. 어떻게 보면 두꺼운 외투를 입은 것처럼 보이고 또 어떻게 보면 나무 위의 장갑차처럼 보인다.

왕바구미는 정말로 장갑차처럼 튼튼한 껍질을 가지고 있다. 대부분의 딱정벌레는 2, 3호 표본 핀으로 표본을 한다. 그리고 커다란 종류들은 두꺼운 4호 핀을 쓴다. 하지만 왕바구미는 4호 핀을 제대로 꽂을 수 없을 정도로 튼튼하다.

처음으로 왕바구미 표본을 만들 때에는 차마 바로 죽이지 못하고 죽기를 기다렸다. 하지만 왕바구미는 아무것도 먹지 않은 채 두 달

1. 나무 위의 장갑차, 왕바구미.

을 거뜬히 버텼다. 생명력이 무척 강하다. 죽은 왕바구미를 표본으로 만들기 위하여 4호 표본 핀을 박으려는 순간 나무 위의 장갑차라는 것을 증명이라도 하 듯이 표본 핀이 들어가지 않았다. 억지로 핀을 꽂으려고 해도 핀이 휘기 일쑤였다. 핀을 꽂으려고 갖은 노력을 다했지만 손가락만 아팠다. 궁리 끝에 펜치를 동원했다. 펜치를 이용하여 핀을 잡고 힘 있게 밀어 넣자 그제서야 중심 핀이 딱지날개를 뚫고 들어갔다.

참고 삼아 딱정벌레 표본 요령을 간단하게 설명해 보자. 딱정벌레 표본 제작은 가슴과 등 사이에 있는 소순판(가운데가슴등판)을 기점으로 하여 소순판의 오른쪽에 중심 핀을 꽂는 것으로 시작된다. 역삼각형 모양 소순판의 오른쪽에 핀을 꽂은 후 다리를 고정시키는 전

족판에 중심 핀을 박고 나서 좌우 대칭으로 고정용 핀을 이용하여 딱정벌레의 다리를 고정시키면 된다. 전족판에 고정시킨 표본을 건조기나 응달에서 말리면 표본이 완성되는 것이다. 말리는 동안에는 내장이 썩는 냄새가 진동을 하지만 다 마른 후에는 냄새가 많이 나지 않는다. 딱정벌레를 표본할 때에는 약품을 별도로 사용하지 않고 잘 말리기만 하면 된다.

잘 말리고 난 후에 고정용 핀을 뽑을 때에도 조심해야 한다. 살아 있을 때나 표본을 만들 때에는 부드러웠던 부위들이 마른 후에는 딱딱하게 굳어 버리기 때문에 작은 충격에도 다리나 더듬이가 쉽게 망가진다. 그 외에, 나비나 나방을 표본으로 만들 때에는 날개를 고정시키는 전시판을 사용한다.

우리도 바구미야

바구미상과(Curculionoidea)에 속하는 바구미를 닮은 소바구미는 소바구밋과(Anthribidae)에 속하는 딱정벌레로 '버섯 딱정벌레(Fungus Beetles)'라고 불리는 것처럼 나무에서 자라는 버섯 같은 균류를 주로 먹는다. 전 세계적으로 2200여 종, 우리나라에는 20여 종이 있다고 한다.

그 외에도 개미붙이상과의 쌀도적과(Trogossitidae), 머리대장상과(Cucujoidea)의 밑빠진벌렛과(Nitidulidae)와 나무쑤시깃과(Helotidae)의 딱정벌레도 나무에서 쉽게 볼 수 있다.

나무 위의 조각가

딱정벌레 중에는 나무를 유난히 좋아하여 나무에 구멍을 뚫으며 조각을 해 대는 조각가 딱정벌레가 있다. 나무좀과(Scolytidae)와 긴나

2

3

무좀과(Platypodidae)에 속하는 딱정벌레가 바로 그 주인공이다. 그렇지만 조각가라는 낭만적인 이름이 무색할 정도로 숲과 삼림에 커다란 해를 끼친다. 나무좀은 전 세계적으로 6000여 종이 있으며 우리나라에는 100여 종이 있다고 한다. 긴나무좀은 우리나라에서 5종만이 보고되어 있다. 바늘구멍처럼 뾰족하고 둥근 구멍을 나무에 뚫는 게 특징이다. 그래서 나무좀을 '나무껍질 딱정벌레(Bark Beetle)' 또는 '조각가 딱정벌레(Engraver Beetle)' 라고 부른다. 그리고 '앰브로시아 딱정벌레(Ambrosia Beetle)' 또는 '목재 딱정벌레(Timber Beetle)' 라고도 불리는데 이것은 나무좀의 성충이 수액을 먹기 때문인 것 같다.

나무좀의 성충과 애벌레는 나무를 파먹음으로써 직접적으로 나무에 해를 입힌다. 나무좀이 파먹은 부위에는 균류들이 잘 자라는데 이것이 나무의 고사를 촉진하기도 한다. 암컷 나무좀은 보통 나무에 뚫은 구멍에 알을 낳는데, 알에서 나온 애벌레는 나무뿐만 아니라 균류를 먹기도 한다. 대부분은 몸길이가 1~12밀리미터이고 몸빛은 검은색이나 갈색이다. 긴나무좀은 '바늘구멍 딱정벌레(Pin-hole Beetle)' 라고 불린다. 대부분의 딱정벌레들은 익충이지만 바구미와 나무좀 중에는 해충이 많다.

1. 회떡소바구미(*Sphinctotropis laxus*).
2. 흑바구미.
3. 옻나무바구미(*Ectatorhinus adamsi*).
4. 얼러지쌀도적(*Leperina squamulosa*).
5. 갈색무늬납작밑빠진벌레(*Lasiodactylus pictus*).

바구미와 나무좀 같은 해충은 농업이나 임업에 종사하는 사람들에게는 성가신 존재일 뿐이지만, 곤충학자들에게는 반가운 연구 대상이다. 곡물과 목재에 피해를 입히는 곤충들을 제거하기 위해 곤충의 생태와 분류를 연구하는 데에 수많은 자금과 인력이 투입되었다. 곤충학자들의 입장에서 본다면 해충도 곤충학의 발전에 큰 공헌을 했으니 '익충' 이라고 할 수 있을지도 모른다.

털두꺼비하늘소

학명	*Moechotypa diphysis*
서식지	참나무 고사목이나 벌채목.
활동기	4월과 10월 사이.
몸길이	19~25밀리미터.
분포	한국, 중국, 일본, 시베리아 등지.
특징	몸빛이 거무튀튀하다. 앞가슴등판은 울퉁불퉁하며 굵은 가시 돌기가 있다.
생태	참나무 고사목이나 벌채목에 모여 살고 나무껍질과 비슷한 보호색을 띤다. 우리나라에서는 가로수나 건물에서 흔히 볼 수 있는 하늘소이다.

딱정벌레 왕국의 서울
−호랑하늘소, 비단벌레, 개미붙이, 털두꺼비하늘소

새로 나온 책을 구경하고 자료집도 살 겸 서울 중심가로 나가 보면 넓은 종로 거리가 차와 사람으로 북적대는 것을 볼 수 있다. 서로 어깨를 부딪치지 않고는 걸어가기 힘들 정도다. 우리나라 사람들은 서울로 가장 많이 모인다. 그 이유 중의 하나는 서울에 먹고살 거리가 많기 때문이다. 일자리나 돈이 많이 모여 있기 때문에 더 나은 삶을 꿈꾸는 사람들이 서울로 모여든다. 딱정벌레 왕국에도 이렇게 서울이라고 할 만한 곳이 있다.

1. 딱정벌레 왕국의 서울인 나뭇더미. 보잘것없는 나뭇더미 같지만, 이 속에는 수많은 딱정벌레들이 살고 있다.

1995년 6월에 용화산에서 채집할 때였다. 새벽 첫차를 타고 도착한 용화산은 아침 이슬로 촉촉하게 젖어 있었다. 포충망을 가방에서 꺼내 조립하고 허리에는 벨트색을 차고 그 안에는 필름 통을 넣었다. 채집 준비 끝. 산길은 고요했다. 9시가 넘자 벌써부터 아침의 상쾌함이 가시고 6월의 따가운 햇볕이 내리쬐기 시작했다. 나무에 피어 있는 갖가지 꽃 주변에는 꽃하늘소들이 쉴 새 없이 날아다녔고 산길에서는 길앞잡이들이 반겨 주었다.

올라가다가 벌목한 나무들이 쌓여 있는 곳을 발견했다. 참나무들이었다. 그리고 가마들도 보였다. 얼마 전까지 숯을 만들던 곳이었다. 3~4미터 높이로 나뭇더미가 쌓인 곳에 나무와 비슷한 몸빛을 가진 딱정벌레들이 우글거렸다. 나뭇더미 속을 들락거리며 위, 아래, 옆으로 빠르게 기어 다니는 딱정벌레들. 드디어 딱정벌레 왕국의 서울을 발견했다.

1. 벌의 모습을 의태한 호랑하늘소.

1-2. 호랑하늘소의 산란 모습.
3. 삼하늘소(*Thyestilla gebleri*)의 짝짓기.

호랑이 딱정벌레

작은 개미 같은 곤충들이 빠르게 움직이고 있기에, 무슨 개미들이 이렇게 빠른가 하고 자세히 살펴보았다. 개미가 아니라 바로 하늘소아과(Cerambycinae) 줄범하늘소족(Clytini)의 딱정벌레들이었다. 줄범하늘소는 우리나라에서는 약 40종이 보고되어 있으며 범하늘소(*Chlorophorus diadema*), 소범하늘소(*Plagionotus christophi*), 작은소범하늘소(*Plagionotus Pulcher*), 작은호랑하늘소(*Perissus faimairei*), 벌호랑하늘소(*Cyrtoclytus capra*), 호랑하늘소(*Xylotrechus chinensis*), 서울가시수염범하늘소(*Demonax seoulensis*), 별가슴호랑하늘소(*Xylotrechus rufilius*) 등이 있다.

나뭇더미 속에서는 줄범하늘소들이 발 빠르게 기어 다녔고 그 사이로 개미를 닮은 개미붙이들이 열심히 먹이를 찾고 있었다. 그 외에도 비단벌레들이 이리저리로 날아다녔고 나뭇더미 아래쪽에서는 삼하늘소가 집단으로 짝짓기를 하고 있었다. 또 한쪽에서는 보호색을 띤 범하늘소와 비단벌레 들이 숨바꼭질을 벌이고 있었다. 오랫동안 딱정벌레를 채집하고 다녔지만, 이렇게 여러 딱정벌레로 이루어

3

1

2

3

4

5

6

7

진 군락을 본 것은 처음이었다.

왜 이들은 참나무 주변에 이렇게도 많이 모여 있을까? 바로 나뭇더미가 그들의 생활 터전이기 때문이다. 사람들이 서울로 모이듯이 딱정벌레들도 먹고살기 위해서, 번식하기 위해서 나뭇더미로 모이는 것이다. 이 딱정벌레들은 나무에 알을 낳고 나무를 먹고산다. 나무 없이는 살 수 없고 자신의 후손도 키울 수 없기 때문에 나무에 삶의 터전을 만들고 살아간다.

개미는 상당히 빠르게 움직인다. 그런데 줄범하늘소는 그런 개미보다 3배는 빠르게 움직인다. 대도시 주민이라 그런 것일지도 모른다. 이 줄범하늘소를 잡으려고 허둥거리다가 나뭇더미 사이로 발이 빠지기도 했다. 다 잡은 줄 알았다가도 놓친 게 부지기수였다. 줄범하늘소는 빠른 발로 도망가다가 꼭 잡힐 것만 같으면 딱지날개를 열고 속날개를 펼쳐 재빠르게 날아갔다.

8

1. 서울가시수염범하늘소.
2. 소범하늘소
3. 벌호랑하늘소
4. 작은호랑하늘소
5. 작은소범하늘소.
6. 별가슴호랑하늘소.
7. 홍가슴호랑하늘소.
8. 소나무비단벌레.

비단벌레는 다이빙 선수

줄범하늘소들을 잡느라고 이리저리 구르다가 나무토막 같은 소나무비단벌레(*Chalcophora japonica*)를 볼 수 있었다. 비단벌레는 비단벌렛과(Buprestidae)에 속하는 딱정벌레로 우리나라에는 70여 종이 있다고 한다.

비단벌레 하면 비단처럼 아름다운 빛깔을 가진 것이 많지만 나무에서 흔히 볼 수 있는 종류들은 나무와 비슷한 몸빛을 띤다. 일종의 보호색인 셈이다. 소나무비단벌레는 그런 보호색과 생활 방식 때문에 '나무에 구멍 뚫는 광택 딱정벌레(Metalic Wood-boring Beetle)'라

고 불린다. 이 비단벌레의 도망 방법은 위험하다는 느낌만 들면 곧바로 추락하거나 날아오르는 것이다. 다이빙하는 것만 보면 바구미보다도 훨씬 뛰어난 것처럼 보였다. 필름 통을 가져다 대기만 해도 어느새 낌새를 채고 쌓여 있는 나뭇더미의 좁은 빈틈 속으로 다리를 오므린 채 유유히 떨어져 버렸다. 이러한 다이빙 솜씨 때문에 비단벌레의 채집은 쉽지 않았다.

나무에 사는 비단벌레와는 달리 풀숲에 사는 금테비단벌레(*Scintillatrix pretiosa*)는 풀잎과 비슷한 몸빛을 가지고 있다. 가시나무비단벌레(*Agrilus cyaneoniger*)는 나무껍질과 구별이 안 되는 딱지날개를 가지고 있다. 이와 같이 딱정벌레들은 살아가는 장소에 맞는 보호색을 취한다.

흉내쟁이 딱정벌레

열심히 비단벌레를 채집하다가 개미를 물에 불려 놓은 듯한 개미붙이(*Thanassimus lewisi*)를 만날 수 있었다. 개미붙이는 개미붙잇과(Cleridae)에 속하는 딱정벌레로 전 세계적으로 4000여 종, 우리나라

에는 20여 종이 있다고 한다. 줄무늬가 있는 딱지날개를 가진 종들이 많기 때문에 '체크무늬 딱정벌레(Checkered Beetle)'라고도 불린다. 이 개미붙이는 나무에 모인 작은 곤충들을 잡아먹으며 생활하는 포식자인데, 이 딱정벌레 왕국의 서울에서 처음으로 만날 수 있었다. 또한 모양이 화려한 종류로는 불개미붙이(*Trichodes sinae*)가 있다.

딱정벌레에는 '붙이'가 들어가는 종류가 많이 있다. '붙이'라는 말은 어떤 것과 비슷한 종류라는 의미다. 쇠붙이, 금붙이 같은 말이 대표적이다. 딱정벌레의 경우에는 다른 종류이지만 비슷하게 생긴 것들에게 붙인다. 예를 들면 개미하고 닮은 개미붙이, 하늘소하고 닮은 하늘소붙이, 방아벌레하고 닮은 방아벌레붙이, 잎벌레하고 닮은 잎벌레붙이, 무당벌레하고 닮은 무당벌레붙이, 풍뎅이하고 닮은 풍뎅이붙이, 꽃벼룩하고 닮은 꽃벼룩붙이, 썩덩벌레하고 닮은 썩덩벌레붙이, 잎벌레하고 닮은 잎벌레붙이 등이 이런 경우에 해당된다.

곤충들이 '붙이'라는 말이 붙을 정도로 다른 곤충을 닮은 데에는 여러 가지 이유가 있을 것이다. 천적이 싫어하는 곤충을 닮으면 천적을 피하기 쉬울 것이고, 강한 곤충을 흉내 내는 곤충은 다른 곤충

1. 금테비단벌레.
2. 가시나무비단벌레.
3. 개미하고 닮은 개미붙이.
4. 무당벌레붙이(*Ancylopus pictus asiaticus*).

1. 털두꺼비하늘소.
2. 우리목하늘소(*Lamiomimus gottschei*)는 나무 껍질과 비슷한 보호색을 가지고 있다.

을 속여 먹이 경쟁에서 이기기 쉬울 것이다. 이것도 일종의 방어 수단일 것이다. 곤충만 이럴까? 우리도 도시에서 살다 보면 겉과 속이 다른 수많은 '붙이'들을 만날 수 있다.

찾을 수 있으면 찾아봐

강렬한 초여름 햇볕을 받으면서 정신없이 채집을 해서 그런지 너무 지쳐 버렸다. 그늘에서 잠시 쉬기로 하고 간단하게 요기나 하려고 앉는 순간 쌓여 있는 나무 아래에서 나무와 색깔이 비슷해 잘 보이지 않던 딱정벌레를 발견했다.

음식과 가방을 내팽겨 둔 채 쌓여 있는 나무의 밑을 자세히 살펴보았다. 수백 마리의 털두꺼비하늘소가 흡사 두꺼비처럼 느릿하게 걸어다니고 있었다. 또 한쪽에서는 털두꺼비하늘소들이 짝짓기에 여념이 없었다. 털두꺼비하늘소는 목하늘소아과(Lamiinae) 털두꺼비하늘소족(Crossotini)에 속하는 하늘소이다.

털두꺼비하늘소와 깨다시하늘소족(Mesosini)에 속하는 깨다시하

1. 흰깨다시하늘소(*Mesosa hirsuta*).
2. 깨다시하늘소.

▼ 깨다시하늘소의 정면 모습.

늘소(*Mesosa myops*)는 천적들의 눈을 속일 수 있는 보호색이 발달되어 있다. 나무껍질 같은 보호색으로 위장을 하고 있기 때문에 멀리서 보면 나무껍질인지 하늘소인지 알 수 없다. 회색빛 하늘 아래에서 '회색인'으로서 살아가는 서울 사람들처럼 나무에서 활동하는 딱정벌레들은 나무껍질과 비슷한 보호색을 가진다. 그런 것을 보면 도시 사람들의 무표정도 어쩌면 '보호색'일지 모른다.

딱정벌레 왕국의 서울인 나뭇더미 속에서 각자의 삶을 일궈 가며 분주하게 움직이는 딱정벌레들을 가만히 보고 있으니 수많은 사람이 복닥대는 서울이 오버랩되었다.

털보왕버섯벌레

학명	*Episcapha fortunii*
서식지	죽은 떡갈나무 같은 폐목에서 자라는 버섯.
활동기	5월과 8월 사이.
몸길이	9~13밀리미터.
분포	한국, 일본 등지.
특징	몸은 검은색이며 딱지날개에는 복잡한 톱니 모양의 주황색 무늬가 있다. 더듬이의 마지막 세 마디는 넓적해 위에서 보면 꼭 곤봉처럼 보인다. 겹눈이 커다랗게 발달되어 있다.
생태	애벌레나 성충 모두 떡갈나무 등의 나무에 핀 버섯을 먹으며 생활한다. 버섯이 많이 자라는 나무 주위에서 쉽게 볼 수 있는데, 폐목으로 버섯을 키우는 버섯 농가에게는 아주 귀찮은 해충이다.

버섯 황제의 만찬

−버섯벌레, 거저리, 머리대장, 표본벌레, 수시렁이

어렸을 때 유난히도 먹기 싫어했던 것이 버섯이다. 별다른 맛도 없고 씹는 느낌도 이상하고 해서 별로 좋아하지 않았다. 하지만 버섯은 영양 만점의 좋은 식품이다. 딱정벌레들은 버섯이라고 해서 특별하게 싫어하지 않는다. 개중에는 버섯을 너무나도 좋아하는 딱정벌레들도 있다. 이번에는 버섯을 좋아하는 딱정벌레들을 만나 보자.

춘천 시내를 벗어나서 소양강으로 가는 길은 봄 내음으로 가득했다. 1995년 봄 비틀스 단기 채집 여행의 목적지는 소양호 근처의 오봉산이었다. 청평사로 건너가는 배를 기다리며 바라본 소양호의 풍경은 매혹적이었다. 드넓은 소양호를 바라보는 내 눈에는 생기가 돌기 시작했고, 폐에 신선한 공기를 가득 담으려고 숨을 크게 들이쉬었다가 내쉬었다. 청평사로 가는 자그마한 유람선의 엔진이 돌기 시작하자 고물 쪽으로 가서 머리카락을 휘날리며 풍경 감상에 들어갔다. 풍경에 매료되어 시간이 어떻게 흘렀는지도 모른 채 청평사 선착장에 다다랐다. 우리는 청평사 근처의 민박집으로 향했다.

다음 날, 우리는 주섬주섬 옷을 갈아입고 채집 장비를 챙겨 오봉산을 향해 출발했다. 얼마 안 가서 버섯이 많이 핀 고목을 발견했다. 그곳을 자세히 관찰하다 붉은색의 옷을 입은 버섯 속의 욕심꾸러기를 만날 수 있었다.

버섯을 좋아하는 욕심꾸러기

버섯을 유난히도 좋아하는 털보왕버섯벌레가 아침 식사를 즐기고 있었다. 버섯을 독차지하고 먹기 때문에 '버섯 속의 황제'라는 별명

174

을 가진 버섯벌레는 버섯벌렛과(Erotylidae)에 속하는 딱정벌레로 '버
섯을 좋아하는 딱정벌레(Pleasing Fungus Beetle)'라 불린다. 전 세계
적으로 2500여 종이 있다고 하는데, 우리나라에서는 23종이 보고되
었다. 애벌레나 성충 모두 썩은 나무나 나무뿌리에서 자라는 버섯과
균류를 먹는다. 그래서 버섯이 자라는 곳이라면 버섯벌레를 쉽게 만
날 수 있다. 때로는 썩은 나무나 그루터기의 나무껍질 아래에도 있다.

산에서 채집하면서 느낀 것이지만 대부분의 딱정벌레는 고도가 그
리 높지 않은 곳에서 서식하고 소수의 종만이 해발 고도가 높은 곳에
서 산다. 그래서 딱정벌레 채집은 나비 채집과는 조금 다르다. 해발
고도가 높은 곳으로 올라가면 낮은 곳에서 볼 수 없었던 나비들을 채
집할 수도 있지만 딱정벌레는 이와 달리 높은 곳까지 굳이 갈 필요는
없다. 오히려 올라가면 올라갈수록 딱정벌레를 보기 힘들어진다. 그
러므로 딱정벌레를 채집할 때에는 산의 중턱을 끼고 옆으로 돌아가
면서 해야 한다. 식물 없이는 살아갈 수 없는 딱정벌레들은 주로 1, 2년
생 풀이 많은 곳이나 관목 종류의 나무에서 살기 때문에, 그런 식물이
모여 있는 산허리에서 가장 많이 채집할 수 있다. 하지만 고도가 높
은 곳의 나무에서만 살아가는 딱정벌레들도 있기는 하다.

어둠을 좋아하는 거저리

버섯벌레 채집을 마치고 숲 속에서 나와 산길을 따라 한참을 걸어가다 보니 시냇가가 나왔다. 그곳도 그냥 지나칠 수 없었다. 딱정벌레 중에는 물가의 바위 아래처럼 아주 낮은 곳에 사는 친구들도 있기 때문이었다. 축축하고 그늘진 물가의 돌 틈은 직사 광선을 싫어하는 딱정벌레들의 좋은 은신처가 된다. 운이 좋으면 낮에 보기 힘든 먼지벌레나 반날개를 돌 틈 사이에서 채집할 수 있다. 시냇가로 내려가 이 돌 저 돌 들추어 보다가 기대하지도 않았던 강변거저리(*Heterotarsus carinula*)를 만날 수 있었다.

강변거저리는 거저릿과(Tenebrionidae)에 속하는 딱정벌레이다. 거저릿과는 전 세계적으로 2만 2000여 종이 분포하는 커다란 집단이다. 우리나라에도 120종 정도가 서식하고 있는 것으로 알려져 있다. 거저릿과의 딱정벌레는 대부분 식물을 먹지만, 썩은 고기를 먹거나 식물, 동물, 미생물이 분해된 흙과 버섯 같은 균류를 먹는 종류도 있다. 영어권에서는 거저리를 '어둠의 딱정벌레(Darkling Beetle)'라고 부르는데 대부분의 거저리가 어두운 곳을 좋아하기 때문에 이런 이름을 붙인 것 같다.

머리 크기 하나는 대장

이번에는 쓰러진 나무가 있는 곳으로 가 보았다. 그곳에서 머리가 큰 딱정벌레를 만날 수 있었다. 머리대장은 머리대장과(Cucujidae)에 속하는 딱정벌레로 유난히 머리가 큰 것이 특징이다. 그리고 몸 전체가 평평하고 납작하기 때문에 '납작 딱정벌레(Flat Beetle)'라고 불리며 우리나라에는 약 10종이 있다.

머리대장 종류에는 나무에서 서식하는 주홍머리대장(*Cucujus coccinatus*)이 있고, 곡물에 피해를 주는 갈색머리대장(*Cryptolestes ferrugineus*)과 긴수염머리대장(*Cryptolestes pusillus*)이 있다. 이 딱정벌레들은 가는납작벌렛과(Silvanidae)의 종류들처럼 몸길이가 2밀리미터 내외로 아주 작으며 1년 동안에 4~5세대를 번식할 수 있기 때문에 구제하기 쉽지 않은 해충이다.

날 모기로 보지 마

산이나 야외로 나가야만 딱정벌레를 만날 수 있는 것은 아니다. 전통 한옥처럼 나무로 된 부분이 많은 집도 딱정벌레들의 훌륭한 서식처가 된다. 지금은 아파트에 살지만 예전의 집은 건축 일을 하시던

1. 빛을 피해 어두운 바위 틈으로 숨어 들어가는 강변거저리.
2. 작은모래거저리(*Opatrum subaratum*).
3~4. 머리가 앞가슴보다 큰 주홍머리대장은 납작한 몸매를 가지고 있다.

아버지가 지으신 40년이 넘은 한옥이었다. 진흙으로 바른 벽이 남아 있을 정도로 오래된 집이었다. 그리고 오래된 한옥이 그렇듯이 대부분이 목재로 되어 있었다. 어린 시절에야 신식 집이 아니라고 투덜대기도 했지만, 딱정벌레 채집을 시작한 뒤로는 또 하나의 채집지로 보이기 시작했다.

어느 날 맘 편하게 집에서 텔레비전을 보고 있을 때였다. 예전보다는 모기가 많이 줄었지만 한두 마리가 눈에 거슬리게 윙윙거리면서 날아다니고 있었다. 무심코 손으로 박수 치듯 잡았다. 버리려고 하는 순간 갑자기 "아!" 하는 탄식이 나왔다. 모기가 아니었다. 동물 표본을 잘 먹는 길쭉표본벌레(*Ptinus japonicus*)였다.

▲ 길쭉표본벌레의 표본.
1. 구슬무당거저리(*Ceropria induta*).

표본벌레는 표본벌렛과(Ptinidae)에 속하는 딱정벌레로 우리나라에서는 4종 정도가 알려져 있다. 크기도 작고 종류도 적기 때문에 쉽게 볼 수 없는 딱정벌레이며, 다양한 식물질과 동물질을 먹는 잡식성 곤충이다. 종에 따라서는 밀가루 같은 곡물을 훔쳐 먹는 해충들도 있지만 대부분은 배설물, 깃털, 절지동물의 표피 등을 먹는다. 거미와 비슷하게 생긴 종류가 많기 때문에 '거미 딱정벌레(Spider Beetle)'라고 불린다. 곡물을 먹는 표본벌레는 수출되는 곡물과 함께 이곳저곳으로 세계 여행을 하며 번식을 한다.

오래된 집도 훌륭한 채집지

보기 힘든 표본벌레를 실수로 죽이고 난 뒤, 비상대기 상태에 들어갔다. 언제 나타날지 모르는 딱정벌레들을 놓치면 안 되기 때문이었다. 텔레비전은 폼으로 켜 놓고 온 신경은 날아다니거나 기어 다니는 것들에 초점을 맞췄다. 집 안에도 딱정벌레들이 있다고 생각하니 채집지에 나온 기분이었다. 기대는 빗나가지 않았고 집 안에서 홍띠

1. 수시렁이 종류.　2. 홍띠수시렁이.

수시렁이(*Dermestes vorax*)를 채집할 수 있었다.

　표본벌레와 더불어서 오래된 집에서 흔히 볼 수 있는 딱정벌레가 수시렁이다. 수시렁이는 수시렁잇과(Dermestidae)에 속하는 딱정벌레로 우리나라에는 대략 20종이 있다고 한다. 피부에 안 좋은 영향을 준다고 해서 '피부 딱정벌레(Skin Beetle)'라고 한다. 홍띠수시렁이는 몸길이가 7~8밀리미터로 수시렁잇과의 딱정벌레 중에서는 비교적 큰 편에 속한다.

　곤충학자들은 오래전부터 모든 종류의 곡물을 훔쳐 먹으며 책에도 구멍을 뚫는 해충인 홍띠수시렁이를 경제적인 이유에서 관심을 가지고 연구해 왔다. 홍띠수시렁이는 곡물 외에도 모피, 가죽, 동물성 식품류, 바닥의 깔개, 저장 식물, 박물관의 표본 등을 가리지 않고 먹어 치운다.

　털보왕버섯벌레는 버섯에서, 강변거저리는 강변에서, 갈색머리대장은 곡물에서, 표본벌레는 표본에서 수시렁이는 카펫에서 각각 모여서 살아간다. 벌레나 곤충 하면 고개를 절레절레 흔들어대는 사람들도 많지만 좋아하는 사람들에게는 그보다 재미있는 것이 없는 법이다. 자신이 좋아하는 것을 누리면서 살아간다면 이 세상에서 가장 행복한 사람이 아닐까.

유인 채집법

준비물
썩은 과일, 발효 물질,
당밀 같은 유인 물질,
채집통

곤충마다 좋아하는 먹이가 따로 있다. 그리고 좋아하는 먹이 주위에 모이는 습성이 있다. 그러므로 이 습성을 이용하면 곤충을 유인하여 채집할 수 있다.

예를 들어 썩은 과일이나 발효 물질이나 당밀을 가지고 인공 수액을 만들어 나무에 발라 놓으면 후각에 민감하고 수액을 좋아하는 딱정벌레들이 몰려든다. 그러면 이 딱정벌레들을 눈으로 보면서 한 마리씩 잡으면 된다. 특히 흑설탕을 끓인 물에 소량의 포도주나 소주를 넣어 만든 당밀은 개미, 벌, 나방, 딱정벌레를 채집하는 데 유용한 도구가 된다. 이런 곤충 채집법을 유인 채집법이라고 한다.

그런데 수액을 나무껍질에 바르기가 힘들기 때문에 본의 아니게 나무껍질을 훼손하는 경우가 생기는데 적은 부분만을 벗겨 내서 재생할 수 있게 배려해야 한다. 또 나무의 훼손을 막기 위해 썩은 과일이나 발효 물질을 망에 담아서 나뭇가지에 걸어 놓는 것도 좋은 방법이다. 그리고 채집을 마치고 나서 걸어 놓은 망들을 다시 집으로 가져가는 것도 잊어서는 안 된다.

유인 함정을 만들 장소로는 사슴벌레나 사슴풍뎅이 같은 딱정벌레들이 많이 사는 숲이 좋다.

유인 채집법을 이용하면 어떤 곤충은 어떤 음식을 좋아하는지 각 곤충의 기호와 생태를 잘 파악할 수 있고, 여러 채집지를 돌아다닐 수 있는 힘을 비축할 수 있다. 그렇지만 함정을 걸어 놓은 후 시간이 어느 정도 지나야 효과를 볼 수 있기 때문에 이틀 정도의 일정으로 채집할 때에 사용하는 것이 좋다.

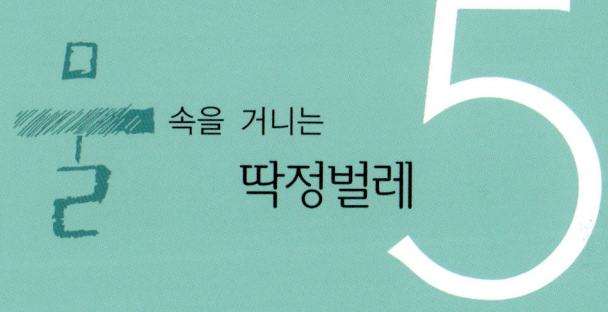

속을 거니는

딱정벌레

5

맑은 하늘에 해가 떠올라 물속을 환하게 비추면 땅 위에서와 마찬가지로 물에서도 딱정벌레들의 하루가 시작된다. 땅 위에서 사는 딱정벌레들이 날갯짓을 하면 이에 뒤질세라 물속에 사는 딱정벌레들도 힘차게 자맥질을 한다. 안전한 둥지에서 나온 딱정벌레들은 사랑과 먹이를 찾아 떠난다. 작은 연못이나 호수, 늪 같은 습지에서 개성 넘치는 수영 방법으로 삶을 일궈 가는 다양한 딱정벌레들을 만날 수 있다.

물방개상과에 속하는 물방개와 물진드기는 흔히 논두렁이나 늪에서 찾아 볼 수 있다. 물에서 살고 있는 작은 생물들을 잡아먹으며 살아가는 딱정벌레이다. 부영양화가 된 물, 즉 더러운 물에서도 먹이만 있으면 살아가는 억척스러운 친구이다. 길앞잡이가 땅 위의 대표적인 포식자라면 물방개는 물속의 대표적인 포식자이다. 물방개는 옛날 5일장 같은 데에서 제비뽑기에 사용되기도 했다. 일종의 행운을 전해 주는 딱정벌레인 셈이다. 물진드기는 땅 위의 진드기처럼 작은 딱정벌레이다. 꼭 진드기처럼 생겼다.

그리고 같은 물방개상과에는 물맴이가 있는데, 이 딱정벌레는 물방개나 물진드기와 습성이 많이 다르다. 더러운 물에서는 찾아볼 수 없다. 아주 깨끗한 물이 있는 깊숙한 계곡 상류까지 찾아가야 볼 수 있다. 이렇게 깨끗한 곳에서만 살기 때문에 수질 오염 상태를 보여 주는 환경 지표종의 역할도 한다.

물땡땡이상과에 속하는 물땡땡이는 물방개상

1

과의 포식성 딱정벌레들과는 달리 초식성이다. 깨끗한 개울이나 강가에서 수초를 먹으며 살아 간다.

2

여울벌레상과에 속하는 물삿갓벌레는 유충 시기에는 물속에서 살다가 성충이 되면 물 주변 의 풀밭으로 이사를 간다. 여름밤을 아름답게 수 놓는 반딧불잇과 딱정벌레 중에서 애반딧불이도 유충 시기에는 물속에서 살면서 고둥이나 다슬 기를 먹다가 성충이 되면 물 밖으로 나간다.

3

적응력이 뛰어나 자연계에서 가장 큰 집단이 된 딱정벌레들은 물속 생활에 적응하는 데에도 성공했다. 그러면 지금부터 물을 삶의 터전으로 하여 살아가는 딱정벌레들의 왕국으로 같이 떠 나 보자.

4

물방개

학명	*Cybister japonicus*
서식지	야산의 연못이나 개천.
활동기	1년 내내.
몸길이	35~40밀리미터.
분포	한국, 일본, 대만, 중국 등지.
특징	몸이 타원형이며 가장자리에는 황갈색의 테두리가 있다. 물방개 종류 중에서는 가장 크다.
생태	물속에서 물고기를 비롯한 작은 동물들을 포식하는 육식성의 딱정벌레이다. 공기실에 공기를 저장하여 물속에서도 숨을 쉴 수 있다. 공기를 다 써 버리면 다시 물의 표면으로 올라와 꽁무니에 공기 방울을 달고 다시 물속으로 들어간다. 알은 수초의 잎이나 줄기에 낳는다. 애벌레도 물속에서 다른 작은 동물들을 잡아먹으며 생활한다. 좀 자라면 물가로 올라온 다음 땅속으로 들어가 번데기를 거쳐 성충이 된다.

물속의 폭군 -물방개와 물진드기

목련 꽃이 핀 1995년의 이른 봄날, 북한강 근처의 창촌으로 비틀스 식구들과 함께 채집 여행을 떠났다. 봄바람에 날리는 꽃잎이 채집 여행을 떠나는 우리의 흥을 돋웠다. 창촌 가는 버스를 탄 우리는 그림같이 펼쳐진 북한강의 풍경 사이를 달려 목적지에 도착했다.

창촌에 도착해 민박집을 잡은 우리는 먼저 식사를 했다. 주 메뉴는 함정 채집용으로 사온 삼겹살이었다. 정신없이 먹다가 바닥에 떨어진 것만 채집용으로 따로 빼놓았다.

다음 날 아침 일찍부터 서둘렀다. 이른 봄이라서 딱정벌레들이 많이 나오지 않았다는 것을 알고는 있었지만 동면 후에 잠에서 깬 딱정벌레들이라도 채집하기 위하여 주변에 있는 야산과 논밭으로 향했다. 소똥부터 시작해 여기저기 돌 밑이나 나무 밑을 뒤졌다. 그러다가 우연히 논두렁에서 작은 물구덩이를 발견했다. 그런데 이 조그마한 물구덩이에서 생각지도 못하게 물속의 폭군을 만날 수 있었다.

1. 숲에 있는 연못이나 저수지는 수서 딱정벌레의 훌륭한 서식지가 된다.

물구덩이 속의 딱정벌레

유심히 물구덩이 안을 살펴보니 무언가가 움직이는 것이 보였다. 뜰채가 없었기에 포충망으로 물구덩이 속의 것들을 퍼 올렸다. 물에 사는 수서(水棲) 딱정벌레는 고사하고 녹조류와 도롱뇽 알과 개구리 알만 포충망 가득 담겨 있었다. 파충류와 양서류의 알은 무시하고 한참을 나뭇가지로 뒤졌다. 물속에서 사는 딱정벌레들이 워낙에 작다는 것을 알고 있었기에 열심히 뒤졌다.

한참을 뒤지는데 녹조류 사이를 헤치고 슬금슬금 기어 나오는 것이 있었다. 바로 꼬마줄물방개(*Hydaticus grammicus*)와 물진드기였다. 게

아재비나 물자라와 같은 수서 노린재들도 볼 수 있었다. 그 딱정벌레들을 다 채집통에 집어넣고 포충망 안에 든 진흙과 녹조류를 버리려는 순간 4센티미터 정도 하는 곤충 하나가 녹조류 속에 섞여 있는 것을 발견했다. 물속의 폭군 물방개였다. 이렇게 딱정벌레를 보기 힘든 이른 봄에 50여 마리의 수서 딱정벌레들을 한꺼번에 잡은 데 신이 나 계속해서 물구덩이를 포충망으로 휘저었다. 물구덩이 하나를 다 뒤지고 나서는 논밭을 뛰어다니며 물 있는 곳이라면 어디든 헤집고 다녔다.

물속의 사자를 건들지 마라

물방개는 수서 딱정벌레로 튼튼한 턱을 가지고 물속의 곤충뿐 아니라 물고기나 개구리 알, 도롱뇽 알을 잡아먹으며 살아간다. 물방개는 물방갯과(Dytiscidae)에 속하는 수서 딱정벌레로 전 세계적으로 2000여 종, 우리나라에 50여 종이 서식하는 것으로 알려져 있다. 영어 이름이 '포식성 수서 딱정벌레(Predacious Diving Beetle)'인 것처럼 물속의 작은 생물을 습격하여 잡아먹는 포악한 딱정벌레이다. 물방개의 애벌레도 물속에 살면서 장구벌레 같은 작은 곤충들도 잡아먹는다.

창촌에서 채집한 수서 딱정벌레들을 집에서 키우면서 물방개의 포악함을 실감할 수 있었다. 어항을 마련해 바닥에 자갈을 깔고 수초와 청거북 사료를 넣어 두었다. 그리고 물방개와 함께 채집한 도롱뇽 알과 개구리 알도 넣어 주었다. 얼마 지나지 않아 표면이 그렇게 단단하지 않은 개구리 알이 가장 먼저 물방개의 억센 턱에 당했다. 그러나 도롱뇽 알은 바로 잡아먹지 못했다. 도롱뇽 알은 한 덩어

리 안에 10~15마리의 새끼 도롱뇽들이 줄지어서 들어 있는데, 그것
을 감싸고 있는 막이 개구리 알보다 단단했다. 그 막을 찢지 못한 물
방개는 새끼 도롱뇽들이 알에서 나올 때를 기다렸다가 도롱뇽이 나오
면 한 마리씩 잡아먹었다. 이보다 더 포악한 딱정벌레를 물속에서 또
찾을 수 있을까.

또 물방개는 뛰어난 수영 선수이다. 뒷다리를 한껏 펼쳐 우아하게
수영하는 물방개는 웬만한 물고기보다 빠르다. 물방개의 수컷과 암
컷은 앞다리가 다르기 때문에 쉽게 구별할 수 있다. 보통 물방개는
꽤 큰 편이지만 몸길이가 5밀리미터도 채 되지 않는 깨알물방개 종
류도 있다.

물방개는 물속으로 잠수할 때면 꽁무니에 공기 방울을 달고 들어
간다. 일종의 산소통인 셈이다. 이 공기 방울 말고도 날개 밑의 공기
실에도 산소를 저장할 수 있다. 가지고 들어간 공기를 다 써 버리면
다시 수면 위로 올라와 공기를 품고 물속으로 들어간다. 물방개는
이것을 반복하며 수중 생활을 한다. 이러한 특성 때문에 물방개를
채집하려면 조금만 인내심을 가지고 기다리면 된다. 물속으로 들어
간 물방개는 공기를 다 사용하고 나면 다시 수면 위로 떠오르기 때

1. 물방개가 유영하는 모습.
2. 물방개는 꽁무니에 공기 방울을 달아 두었다가 오랫
   동안 잠수할 때 사용한다. 사진은 공기 방울을 꽁
   무니에 다는 모습.

◀ 물속의 사자 물방개. 튼튼한 다리와 억센 턱으로
   물속 생태계를 지배한다.

1. 물진드기의 표본.

문이다. 계속해서 기다리면 물방개가 공기실에 공기를 채우는 진기한 장면을 관찰할 수 있다. 물론 채집도 할 수 있다.

물속의 진드기

창촌에서 물방개와 함께 잡은 딱정벌레 중에는 아주 작은 것들이 있었다. 처음에는 뭐 이렇게 작은 물방개가 있나 했지만, 나중에 해부현미경으로 보니 물방개가 아니라 물진드기(*Peltodytes intermedius*)와 샤프물진드기(*Haliplus sharpi*)였다. 물진드기라는 이름은 5밀리미터도 채 되지 않는 진드기와 크기가 비슷하다고 해서 붙은 이름이다. 워낙 크기가 작기 때문에 표본을 만들 때에도 확대경과 핀셋을 동원해 조심스럽게 다뤄야 한다.

물진드기는 물진드깃과(Haliplidae)에 속하는 딱정벌레이다. 전 세계적으로는 200여 종이 보고되었으며 우리나라에는 10여 종이 있다고 한다. 물진드기의 성충은 호수, 연못, 시내의 가장자리에 있는 수초에서 서식하는데, 수면 위를 떠다니면서 실지렁이나 작은 새우나 히드라 같은 물속 동물과 조류 식물을 먹는다. 물방개나 물맴이에 비하여 수영을 잘하지 못하기 때문에 영문 이름이 '크롤 딱정벌레(Crawling Beetle)'이다. 유충은 대부분 조류가 밀집된 지역에서 살아가며 입도 조류를 잘 먹을 수 있도록 발달되어 있다.

물구덩이, 연못, 시내 같은 물속 세계에서는 물방개와 물진드기를 포함한 수많은 작은 생명들이 살고 있다. 우리가 보기엔 작은 공간일지도 모르지만 물속의 생명에게는 너무나도 소중한 삶의 터전이다. 지금도 수많은 물구덩이에서는 작은 생명들이 힘차게 물살을 가르고 있을 것이다.

물땡땡이

학명	*Hydrophilus acuminatus*
서식지	수초가 많은 물가, 연못, 논 등지.
활동기	1년 내내.
몸길이	33~40밀리미터.
분포	한국, 일본, 중국 등지.
특징	타원형의 몸은 광택이 나는 검은색이지만 더듬이는 황갈색이다.
생태	성충은 수초를 먹고 유충은 물속의 작은 동물을 먹는다. 물풀에 알을 낳으며 다리를 좌우 교대로 저으면서 수영한다. 개울이나 강가의 수초가 많은 곳에서 볼 수 있다.

땡땡이와 맴돌이 –물땡땡이와 물맴이

어린 시절 아버지가 아직 살아 계실 때에는 함께 방울낚시를 가곤 했다. 방울이 울릴 때마다 물고기들이 낚여 올라오는 게 그렇게 신기할 수 없었다. 방울낚시와 더불어 아버지가 잘 쓰시던 것은 어항이었다. 미끼인 깻묵을 넣은 어항을 입구가 강 하류 쪽을 향하게 하여 물속에 두면 물고기가 어항 속으로 들어와 나가지 못한다. 그렇게 잡은 물고기로 맛있게 매운탕을 끓여 먹었던 기억이 가물가물 떠오른다. 그때에는 양쪽 끝에 막대기가 달린 손 그물인 반두, 일명 족산대라는 것으로 수초가 우거진 곳의 물고기를 잡았다. 그러나 이것을 딱정벌레 채집에 쓰게 될 줄은 상상도 못했다.

1996년 9월, 생물학과의 연례행사 중 하나인 '전체 채집'을 위하여 1학년부터 4학년까지 모든 학생들은 물론 교수님들과 조교들까지 전부 오대산으로 향했다. 식물 채집조와 동물 채집조로 나뉘어 채집에 들어갔다. 나는 동물 채집조 중에서도 어류 채집조였다. 반두를 가지고 차가운 가을의 시내로 들어갔다. 수초에 숨어 있는 물고기들을 잡기 위하여 열심히 반두를 놀렸다. 한 사람은 반두로 아래에서 위로 수초 사이를 훑으며 올라갔고, 다른 사람들은 위에서 아래로 물고기를 몰고 내려왔다. 친구들이 몰이꾼을 맡았고 내가 반두를 잡았다. 친구들이 물장구를 치며 물고기를 몰아왔다. 무엇인가 묵직한 느낌이 들어 반두를 들어올렸더니 엉뚱하게 물고기 대신 딱정벌레 한 마리가 들어 있었다.

물속의 송장벌레

수초가 있는 곳이라면 어디든지 물땡땡이가 있다. 물땡땡이는 물땡땡잇과(Hydrophilidae)에 속하는 다식성의 수서 딱정벌레로 전 세계적으로 1700여 종이 있으며 우리나라에는 40여 종이 있다고 한다. 육식성의 물방개나 물맴이와는 달리 썩은 식물 조직을 주로 먹으며 일부 종은 죽은 동물을 먹고산다. 그래서 물땡땡이를 '물속의 청소부(Water Scavenger Beetles)'라고 부른다.

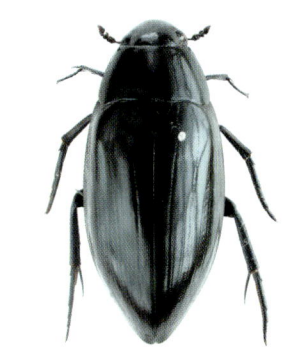

▲ 물땡땡이의 표본.
1. 물땡땡이의 서식지.

잔물땡땡이(*Hydrochara affinis*)나 애물땡땡이(*Sternolophus rufipes*)는 수초 위의 부드러운 곳에 알을 낳는다. 애벌레는 물속에서 생활하지만 번데기가 될 때쯤에는 땅으로 올라온다. 그렇기 때문에 물땡땡이를 키우기 위해서는 사육조 안에 물과 물풀과 물가의 마른 흙이 있어야 한다.

물땡땡이는 주로 연못이나 유속이 느린 개울에서 산다. 하지만 몇몇 종은 땅 위에서도 살기 때문에 완전히 수서종이라고 할 수는 없다. 물속과 땅 위를 오가며 살기 때문에 '반수서(半水棲) 딱정벌레'라고 한다. 반수서 딱정벌레에는 애반딧불이와 물삿갓벌레, 진흙벌레, 여울벌레 등이 있다. 물땡땡이는 물속에서만 사는 종들이 땅 위에서 사는 딱정벌레 종으로 진화해 가는 중간 과정을 보여 주는 대표적인 종이라고 할 수 있다.

물땡땡이도 물방개와 마찬가지로 뒷다리를 이용해 헤엄치지만 접영 선수인 물방개와는 달리 마치 자유형 선수처럼 뒷다리를 좌우 교대로 저으면서 수영한다. 주로 물에서 살지만 야간에 연못이나 시내 주변에 수은등을 켜 놓으면 그빛을 찾아 날아오기도 한다.

맴맴 맴맴 물맴이

"아버지는 나귀 타고 장에 가시고, 할머니는 건넛마을 아저씨 댁에. 고추 먹고 맴맴 달래 먹고 맴맴."이라는 동요를 어릴 적에 즐겨 불렀다. 어른들이 집을 비운 사이에 몰래 고추와 달래를 먹은 아이들이 매운 것을 주체 못해 집 주위를 빙글빙글 돈다. 말썽꾸러기 아이들처럼 무얼 잘못 먹었는지 물속에서 맴맴 도는 딱정벌레 친구가 있다. 물속의 맴돌이, 물맴이(*Gyrinus japonicus*)가 그 주인공이다.

1993년에 신탄리로 장기 채집 여행을 갔을 때의 일이다. 뙤약볕 아래에서 채집하느라고 지쳐서 쉬었다 가려고 계곡에 앉는 순간 "와" 하고 함성을 질렀다. 약수처럼 깨끗한 물에서 맴돌이를 하는 딱정벌레가 있었기 때문이다. 그렇게나 잡고 싶었지만 잡을 수 없었던 물맴이가 눈앞에서 맴맴 돌고 있는 게 아닌가? 저 물맴이를 어떻게 잡을까 하고 고민하다가 물맴이가 도는 주변 물속에 음료수 병의 주둥이를 담갔다. 음료수 병으로 물이 들어가면서 자연스럽게 물맴이도 맴맴 돌면서 들어갔다. 너무나도 신기해서 여러 마리를 더 잡았다.

안경을 쓴 맴돌이

물속에서 소용돌이를 일으키는 물맴이는 물맴잇과(Gyrinidae)에 속하는 딱정벌레로 우리나라에는 6종이 있다고 한다. 가운뎃다리와 뒷다리가 짧지만 이 다리를 모터보트의 스크루처럼 회전시켜서 물속을 이동한다. 또 자신의 영역을 나타내기라도 하는지 힘차게 소용돌이치면서 맴돌이를 한다. 이러면 물에 떠 있던 부유 물질들이 물맴이 근처로 모인다. 물맴이는 이런 부유 물질들을 먹고산다. 이러한 맴돌이 때문인지 물맴이를 '팽이 딱정벌레(Whirligig Beetle)'라고 부른다.

물맴이도 물방개와 마찬가지로 물속의 작은 곤충을 잡아먹는 육식성 딱정벌레인데, 물 위에 떠다니는 부유물들도 먹는다. 물맴이의 눈은 위쪽에 한 쌍, 아래쪽에 한 쌍 해서 4개인데 수면을 기준으로 위쪽과 아래쪽을 동시에 볼 수 있다. 천적이 수면 위나 아래에서 공

격해도 금방 알아채 재빠르게 숨을 수 있다. 그리고 물방개와 마찬가지로 공기실에 공기를 저장할 수 있다. 물속으로 잠수할 때에는 이것을 이용하여 숨을 쉰다.

이렇게 잡은 물맴이를 채집통에 넣어 집으로 가져왔다. 그리고 플라스틱 음료수 병을 잘라서 어항을 만들고 그곳에 물맴이를 넣어 두었다. 이제 남은 것은 살아 있는 생태 사진을 찍고 표본을 만드는 일이었다. 그런데 그것이 물맴이와의 마지막 이별의 순간이었음을 알지 못했다. 채집에 지친 터라 대충 어항에 넣고 덮개도 덮지 않고 잠에 빠져들었다. 아침이 되어 빈 어항을 보고는 통곡하지 않을 수 없었다. 너무나 어렵게 잡은 물맴이가 밤새 다 날아가 버린 것이었다. 깊은 산골짜기에 들어가지 않으면 잡을 수도 없는 데다 사진 자료나 표본도 흔치 않은 것이라 너무나도 아쉬웠다. 그 이후로는 물맴이를 보지 못했다. 그래도 물맴이가 회전하는 모습만은 기억 속에 아련히 남아 있다.

물삿갓벌레

학명	*Eubrianax ramicornis*
서식지	물가의 풀.
활동기	5월과 6월 사이.
몸길이	3~6밀리미터.
분포	한국, 일본 등지.
특징	몸은 전체적으로 검은색이며 다리는 황갈색이다. 더듬이는 수컷의 경우에 부챗살처럼 여러 갈래로 갈라져 있으나 암컷은 실 모양이다.
생태	삿갓을 쓴 모양의 애벌레는 바위에서 고착 생활을 하며 썩은 부유물이나 작은 동물들을 먹으며 살아간다. 성충이 되면 물가로 나와서 풀에서 짝짓기를 하고 바위에 알을 낳는다.

방랑 갑충 물삿갓 – 물삿갓벌레, 여울벌레, 진흙벌레

"스스로 알려고 하는 자는 일찍 알게 되고 남의 도움을 얻어 알려고 하는 자는 늦게 알게 된다." 22세에 삿갓을 쓰고 방랑길에 나선 김삿갓의 말이다. 김삿갓(본명: 김병연)은 19세기 조선 시대의 시인으로 전국을 방랑하며 많은 시를 지었으며 특히 평민들의 생활상을 시로 읊어 훌륭한 문학 작품을 남겼다. 김삿갓 이후 '삿갓'이라는 단어는 방랑과 자유를 상징하는 말이 됐다. 딱정벌레 중에도 이름에 삿갓이 들어가는 친구가 있다. 바로 물삿갓벌레이다.

물삿갓의 외출

딱정벌레 채집을 시작한 이래 여러 번 물삿갓벌레의 성충을 채집했지만 그 모습에서 삿갓을 떠올리지는 못했다. 부챗살 같은 더듬이만 기억에 남았다. '왜 물삿갓벌레라는 이름이 붙었을까? 물이나 삿갓하고 무슨 관련이 있나?' 생각하면서 여러 가지 자료를 뒤적였다. 수서 곤충을 공부하기 위해 외국 자료를 검색하고 나서야 그 의문을 풀 수 있었다. 물삿갓벌레의 애벌레가 물속에서 살고 삿갓을 쓴 것처럼 생겼던 것이다. 애벌레의 모습을 보니 김삿갓을 떠올리기에 충분했다. 물삿갓벌레는 유충 시기에는 물속에서 삿갓을 쓰고 방랑하다가 번데기라는 변태 과정을 거쳐서 전혀 다른 모습을 하고 물 밖으로 외출하는 '방랑하는 딱정벌레'였다.

물삿갓벌레가 속한 여울벌레상과에는 여울벌레, 진흙벌레도 있는데 이들은 모두 애벌레 때에는 물속에서 살다가 성충이 되면 물 밖에서 사는, 즉 물속과 물 밖을 오가는 생활사를 가진 반수서 딱정벌레이다. 반수서 딱정벌레로는 이 딱정벌레들 외에도 애반딧불이를

들 수 있다.

　물삿갓벌렛과 딱정벌레는 우리나라에 5종이 서식하는 것으로 알려져 있다. 여러 해 채집을 다녔지만 물삿갓벌레를 채집한 적은 많지 않다. 애벌레도 외국 책에 실린 사진으로 본 것이 전부이다. 더 많은 연구가 필요한 부분이라고 생각된다.

동전을 닮은 딱정벌레

물삿갓벌레의 애벌레는 영국의 옛날 화폐였던 페니를 닮았다고 하여 '페니 닮은 물속 딱정벌레(Water Penny Beetles)'라고 불린다. 가만히 있는 것을 보면 바위 위에 달라붙은 삿갓조개 같기도 하고, 빠르게 흘러가는 시내를 거슬러 올라가는 것을 보면 삿갓을 쓴 무인 같기도 하다.

　썩은 부유물, 조류 식물, 작은 옆새우 등등 동식물을 가리지 않고 먹는다. 몸 아래쪽은 물을 뿜어내서 흡착할 수 있는 구조로 되어 있어 바위에 잘 달라붙는다. 물삿갓벌레는 물 밖에서 번데기 단계를 거치고 성충이 된다. 짝짓기를 하고 난 암컷은 물가 바위에 알을 낳고 죽는다.

물삿갓의 친구들

여울벌레는 여울벌렛과(Elmidae)에 속하는 딱정벌레로 우리나라에는 6종이 있다. 주로 유속이 빠른 강이나 시내의 자갈이나 바위 밑에서 주로 발견되기 때문에 '급류 딱정벌레(Riffle Beetle)'라고 불린다. 그리고 때로는 물결이 상당히 거센 연못에서 발견되기도 한다. 대부분이 바위나 자갈에 붙어 사는 생물을 먹고 살며 때로는 식물이나 퇴적물 등을 먹는다. 애벌레는 거의 움직이지 않고 부착 생활을 한다.

1. 물삿갓벌레의 일종(사진: 한영식).
2. 물삿갓벌레의 짝짓기 모습.

애벌레는 자라면 물을 떠나서 물가나 강기슭으로 올라가서 번데기
가 된다. 그리고 성충이 되면 날아가기 때문에 물가에서 성충을 보
기 힘들다.

　진흙벌레는 진흙벌렛과(Heteroceridae)에 속하는 딱정벌레로 '얼
룩덜룩 진흙 딱정벌레(Variegated Mud-loving Beetle)'라는 영어 이름
처럼 진흙을 좋아하는데, 우리나라에서는 2종이 알려져 있다. 대부
분은 강이나 시내의 젖은 진흙이나 모래에 살면서 썩은 물질이나 퇴
적물을 먹는다. 성충의 크기도 4~6밀리미터로 작은 편이라 눈에 잘
띄지 않는다.

　반수서 딱정벌레는 유충 시기는 물속에서, 성충 시기는 물 밖에서
보내기 때문에 먹이나 생활 터전에 대한 제약이 다른 종들에 비해서
더 적다고 할 수 있다. 성충과 애벌레의 먹이가 다르기 때문에 같은
종끼리 먹이 경쟁을 하지 않을 수 있다. 이것은 반수서 딱정벌레들
의 중요한 생존 전략 중 하나이다.

애반딧불이

학명	*Luciola lateralis*
서식지	다슬기가 사는 논, 연못, 개천의 바닥.
활동기	5월과 7월 사이.
몸길이	7~10밀리미터.
분포	한국, 일본, 중국, 시베리아 등지.
특징	몸은 전체적으로 검은색이며 앞가슴은 주황색을 띤다. 앞가슴의 가운데에 세로로 띠처럼 생긴 검은색 줄이 있다. 배에는 빛을 내는 발광 마디가 있다.
생태	애벌레가 다슬기를 먹으며 생활하기 때문에 다슬기가 많이 서식하는 논, 하천 주변에서 살아간다. 교미를 마친 암컷은 300~500개 정도의 알을 축축한 이끼에 낳는다. 애반딧불이와 그 먹이인 다슬기가 집단 서식하는 전라북도 무주군 설천면 일대는 1982년에 천연기념물 322호로 지정되었다. 하지만 이 지역도 서식지 환경이 많이 파괴되어 애반딧불이의 수가 크게 줄어들었다.

물속의 걸음마, 물 밖의 사랑 – 애반딧불이

봄바람이 불기 시작하면 사람들은 꽃길을 벗 삼아 교외 유원지로 나간다. 유원지에서 빼놓을 수 없는 것이 여러 가지 먹을거리를 파는 노점상들이다. 어린 시절 노점상들이 팔던 것은 주로 번데기와 다슬기였다. 다슬기를 종이 고깔에 담아 주면 입으로 빨아 먹거나 이쑤시개를 이용해 먹었다. 딱정벌레 중에서도 다슬기를 좋아하는 친구들이 있다. 바로 애반딧불이들이다.

저녁 어스름이 깔리기 시작하면 곤충 채집가의 야간 채집이 시작된다. 채집가에게는 밤낮이 따로 없다. 머릿속에 있는 것은 오로지 곤충뿐이다. 졸린 눈을 비비며 차에 몸을 싣고 어둠을 헤치며 재래식 논으로 둘러싸인 작은 마을로 달려간다. 이름 모를 벌레들이 연주하는 숲의 음악 외에는 아무 소리도 들리지 않는다. 자동차 엔진을 끄고 주위의 인공적인 빛을 모두 끄니 정적 속에서 자그마한 빛들이 하나둘 나타나기 시작한다.

1. 반딧불이가 살기 좋은, 수풀과 물이 어우러진 환경.

다슬기 사냥꾼

재래식 논에는 고둥, 골뱅이, 소라, 달팽이, 다슬기 같은 연체동물들이 산다. 이 연체동물을 먹이로 삼는 애반딧불이의 애벌레에게는 재래식 논보다 더 좋은 생활 터전은 없다. 반딧불잇과의 딱정벌레 중에서 애반딧불이의 애벌레만이 수서 생활을 한다. 애반딧불이의 애벌레는 다슬기를 먹기 때문에 다슬기가 살 수 있는 2급수 이상의 깨끗한 물에서만 살 수 있다. 그래서 애반딧불이는 자신이 사는 곳이 다슬기가 살 수 있을 정도로 깨끗한 환경이라는 것을 말해 주는 환경 지표종이다.

논에 어둠이 찾아오면 애반딧불이 성충이 짝짓기할 상대를 찾기 위해 외출 준비를 한다. 애반딧불이 암컷과 수컷은 빛의 세기가 다른데 풀잎에 붙어 약하게 빛을 내는 것이 암컷이고 비행하면서 강하게 빛을 내는 것이 수컷이다. 애반딧불이가 빛으로 만드는 사랑 노래는 오후 9~11시에 가장 화려하게 하늘을 수놓는다. 애반딧불이는 짝짓기할 때 암수가 서로 반대 방향을 보는 특징이 있다. 애반딧불이는 짝짓기를 마치면 습기가 많은 나무줄기나 이끼 등이 있는 풀숲에 150~200개의 알을 낳는다.

알을 낳은 후 20여 일이 지나면 몸길이가 1~1.5밀리미터인 애벌레가 알에서 나온다. 이 애벌레는 물을 찾아서 곧바로 이동한다. 애벌레는 다슬기를 잡아먹는데 소화액을 분비하여 껍데기를 물렁하게 만들어서 잡아먹는 것으로 알려져 있다. 다 자란 반딧불이의 애벌레는 하천 주변의 부드러운 진흙이나, 논두렁의 습기가 많은 물렁물렁한 흙 속으로 들어가 번데기 방을 짓고 40여 일을 지낸다. 그리고 다시 10일이 지나면 성충으로 변태한다. 이 성충은 대략 2주 정도 산다. 애반딧불이의 한살이는 약 340일로 대략 1년 주기이다.

애반딧불이는 단파장 빛인 별빛을 보며 방향을 잡는데, 이 성질을 이용해 수은등으로 유인, 채집할 수 있다. 그런데 요새 수은등을 사용한 가로등과 야간 조명 장치가 늘어나고 있어 애반딧불이의 짝짓기와 생활에 큰 혼란을 야기하고 있다.

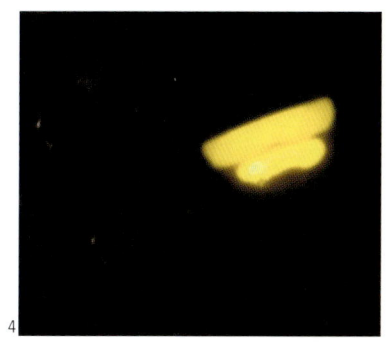

1~3. 풀잎 위에 앉아 있는 애반딧불이(사진: 한영식).
4. 애반딧불이의 불빛(사진: 한영식).

형설지공

화려한 반딧불이의 불빛 쇼가 시작된다. 여기서 반짝, 저기서 반짝하며 반딧불이가 아름다움을 자랑하며 날아다닌다. 나는 반딧불이를 보면 신이 나서 달려가기 때문에 어둠 속에서 논두렁에 빠지기도 하고 넘어지기도 한다. 그렇지만 마음만은 행복하다.

반딧불이 하면 유명한 것이 형설지공(螢雪之功)의 고사이다. 형설지공은 중국 진나라 시대의 손강과 차윤에 대한 이야기이다. 가난한 손강은 불을 밝힐 기름을 살 돈이 없어 겨울이면 하얀 눈에 반사되는 빛으로 글을 읽었고, 역시 가난한 차윤은 여름에 반딧불이를 잡아 그 빛으로 책을 읽어서 높은 벼슬에 올랐다. 어려운 환경에서도 열심히 노력하여 좋은 결과를 얻었다는 고사이다. 실제로 반딧불이를 채집하여 투명한 통 속에 50여 마리를 넣고 책을 읽어 보았다. 책을 읽을 수 있었다.

애반딧불이의 집단 서식지로 천연기념물 322호로 지정되어 있는 전라남도 무주군 설천면 무주 구천동에서는 애반딧불이를 많이 볼 수 있다. 또 무주에서는 매년 6월이면 반딧불이 축제를 연다. 반딧불이의 생활사를 알 수 있는 생태 체험관을 비롯한 여러 가지 행사와 전시로 반딧불이를 사랑하는 사람들을 불러 모은다. 이 때문에 무주를 찾는 사람은 해마다 늘고 있지만 정작 애반딧불이의 수는 계속 줄고 있다.

이것은 우리나라 사람들의 성급한 '냄비 근성' 때문일지도 모른다. 꼭 모두가 그런 것은 아니지만 우리나라 사람들은 좋은 곳이라고 소문만 나면 몰려가서 더럽힌다. 이제까지 별 관심도 없던 일반인부터 그 일반인들을 상대로 한 장사꾼들까지 온갖 사람이 몰려들면 제아무리 천혜의 환경이라고 해도 순식간에 망가진다. 지금은 보호 지역으로 선정된 무주군 설천면이 그렇지 않은 곳보다 반딧불이의 수가 훨씬 더 적다는 것을 보면 '보호 지역'이라는 말을 붙이지 않는 게 자연을 보호하는 지름길일 거라는 역설적인 생각이 들고는 한다.

무주 구천동을 비롯한 애반딧불이의 서식지를 살펴보면 하천보다는 유속이 느린 재래식의 논이나 습지라는 공통점을 확인할 수 있다. 애반딧불이의 수가 줄고 있는 것과 재래식 논의 축소는 밀접한 관계가 있다. 환경 지표종인 애반딧불이의 보호를 위해서는 재래식 논의 보호가 필수적이다. 그리고 반딧불이의 짝짓기를 방해하는 수은등을 다른 등으로 교체할 필요가 있다. 반딧불이를 비롯한 딱정벌레들은 단파장 빛을 내는 수은등 주위에는 잘 모이고 부질없이 가로등 주위를 날다가 죽기 때문이다. 가로등을 교체하는 것은 반딧불이만이 아니라 모든 딱정벌레들을 보호하는 한 가지 방법일 것이다.

▼ 애반딧불이의 아름다운 불빛.

수서 곤충 채집법

준비물
반두, 포충망,
장화, 채집통

반두 같은 그물을 이용하면 하천, 연못, 계곡 등에서 서식하는 딱정벌레들을 채집할 수 있다. 좀 얕은 하천 등지에서 사는 물방개, 물땡땡이, 물진드기 같은 딱정벌레들을 채집하는 요령은 다음과 같다. 반두를 흐르는 물속에 설치해 놓고 하천 바닥에 가라앉은 부엽토나 진흙을 한번 헤집어 주면 물속에 사는 곤충들이 떠오른다. 이 곤충들은 물의 흐름에 따라 반두에 걸리게 되는데, 이때 반두를 들어올리면 수서 곤충들을 채집할 수 있다. 특히 연못에서는 작은 뜰채를 이용하는 것도 좋다. 그리고 비교적 깊은 호수나 하천 그리고 진흙이나 개펄 등에서 살아가는 수서 곤충을 채집할 때에는 삼태기 같은 드레지(Dredge)로 하천 바닥의 흙을 퍼 올려 그 안에 있는 곤충을 채집하면 된다.

깨끗한 물도 있지만 연못이나 진흙, 개펄 같은 곳은 오염된 부분이 많기 때문에 물속에 들어갈 때에는 꼭 긴 장화를 신고 들어가야 한다. 하천이나 시내에서 채집할 때에도 물살이 급한 곳은 위험하기 때문에 피해야 한다.

앞에서 설명한 방법이 보편적인 수서 곤충 채집법이지만 반두나 드레지 등은 크고 운반하기 불편하기 때문에 가지고 다니는 포충망으로 수서 곤충을 채집하는 사람도 많다.

수서 딱정벌레를 채집하려면 먹이가 풍부한 수초나 수서 생물이 많이 살고 있는 곳을 목표로 정하는 것이 좋다. 물살이 빠른 계곡이나 개천보다는 저수지나 연못이 좋다. 그리고 논두렁에 자연적으로 생긴 작은 물구덩이도 그냥 지나치지 말고 한번 살펴봐야 한다. 보기에는 작지만 수많은 생명들이 그 속에서 살고 있기 때문이다.

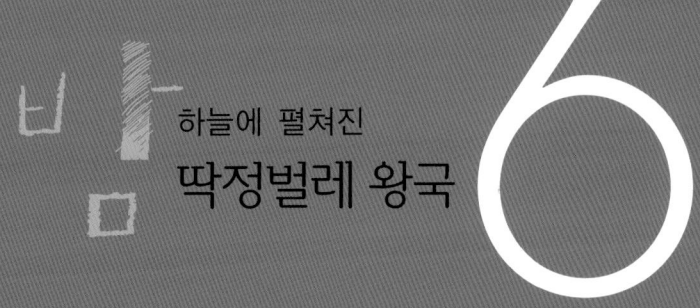

하늘에 펼쳐진
딱정벌레 왕국

6

가 달과 별들에게 자리를 넘겨주면 분주하던 세상이 어둠 속에서 차분하게 가라앉는다. 별들이 조용하게 떠올라 밤하늘을 채우기 시작하면 사람들은 바쁜 하루를 접고 집으로 향한다. 딱정벌레들도 사람들처럼 하루의 치열한 생존 다툼을 마치고 내일을 준비하기 위하여 보금자리로 향한다. 밤은 이렇게 휴식의 시간이다. 그러나 이 고요한 휴식의 시간이 되면 움직이는 존재들이 있다. 어둠이 시나브로 찾아오면 야근하는 사람들처럼 야행성 딱정벌레들이 하나둘씩 모습을 나타낸다.

가장 대표적인 야행성 딱정벌레는 반딧불이이다. 어둠이 짙어지면 밤하늘의 반짝이는 별빛처럼 사랑스러운 빛을 발하는 반딧불이의 날갯짓이 시작된다. 반딧불이의 빛은 바라보는 것만으로도 마음을 포근하게 한다.

또 고요한 숲 속 나무에는 사슴벌레와 장수풍뎅이가 수액을 먹기 위하여 모여든다. 수액이 많이 나오는 나무는 좀 더 좋은 자리를 차지하려는 딱정벌레들의 치열한 전쟁터가 된다. 덩치 큰 벌레들은 자신의 힘을 자랑하고, 작은 벌레들은 큰 벌레들이 싸우는 빈틈을 노려 수액을 핥으려 애쓴다.

빛이 없는 어둠 속에서 살아 그런지 야행성 딱정벌레들은 채집용 수은등 빛이나 가로등 불빛에 모인다. 앞에서 이야기한 먼지벌레와 딱정벌레 들도 날아온다. 특히 웅 하는 오토바이 소리를 내며 날아오는 왕풍뎅이와 하늘소 들을 자주

1

만날 수 있다. 물가 주변에 채집용 수은등을 켜 놓으면 물땡땡이나 물장군 같은 수서 곤충도 모여든다. 그리고 때로는 야행성 꼬마길앞잡이나 꼬마방아벌레나 반날개 같은 다양한 종류의 딱정벌레들도 나타난다.

2

야간 채집은 주간 채집에서는 만나지 못하는 딱정벌레들을 채집할 수 있고, 야외의 고요함을 맛볼 수 있는 좋은 기회이다.

번잡스러운 도회지에서 멀리 떨어진 대자연 속에서 만나는 야행성 딱정벌레들의 모습은 한 층 더 신비롭다.

3

그러면 지금부터 어둠이 내려앉은 고요한 밤하늘 아래에 펼쳐진 딱정벌레들의 왕국으로 같이 떠나 보자.

4

파파리반딧불이

학명	*Hotaria papariensis*
서식지	달팽이가 많이 서식하는 축축한 풀밭.
활동기	5월과 7월 사이.
몸길이	8~9밀리미터.
분포	한국, 일본 등지.
특징	몸은 전체적으로 검은색이지만 앞가슴등판은 주황색이다. 겹눈이 크게 발달되어 있고 가슴과 눈 부위에 검은색의 가로무늬가 있다.
생태	애벌레는 달팽이를 잡아먹으며 육지에 산다. 성충의 수컷은 날 수 있지만 암컷은 날개가 퇴화되어 날 수가 없다. 그래서 파파리반딧불이가 짝짓기를 할 때면 수컷들이 날아다니며 풀 위의 암컷을 찾는 모습을 볼 수 있다.

지상으로 내려온 별 – 반딧불이

어둠이 고요하게 내려앉은 하늘 위로 아름다운 빛을 내며 날아가는 작은 생명이 있다. 우리는 이 작은 생명을 반딧불이라고 한다. 세상의 어떤 빛보다도 밝고 사랑스럽다. 이렇게 반딧불이처럼 사람 마음속에 어떤 정서를 불러일으키는 곤충을 '정서 곤충(情緖昆蟲)'이라고 한다.

대학 졸업반 때, 반딧불이를 주제로 졸업 논문을 쓰기로 했다. 반딧불이를 논문 주제로 정한 이상 논문을 완성할 때까지는 반딧불이만을 채집해야 했다. 비틀스의 채집 여행이나 개인적인 딱정벌레 채집도 당분간은 포기해야 했다. '그래, 반딧불이도 딱정벌레의 일종이지.' 하며 마음을 다잡았다. 졸업 논문을 지도하시는 조교 선생님과 함께 채집 계획을 잡고, 첫 번째 반딧불이 채집을 떠났다.

채집지에 도착하자마자 포충망을 조립하고 등산화 끈을 튼튼하게 맸다. 뱀에 물리지 않도록 다리에는 각반을 차고 머리에는 작은 전등이 달린 밴드를 썼다. 허리에 찬 가방에 채집 도구를 담고 채집을 시작했다. 채집지는 산으로 둘러싸인 작은 마을이었다. 여기저기의 작은 재래식 논들에 반딧불이가 많을 것 같았다. 처음에는 아무것도 보이지 않았지만 숨을 죽이고 천천히 걸어가니 기다렸다는 듯이 아름다운 빛을 발하는 반딧불이들이 나타나기 시작했다.

어둠 속의 한줄기 빛

반딧불이는 보는 사람들로 하여금 따뜻함과 평화로움에 젖어들게 만드는 발광(發光) 생물이다. 자연계에는 빛을 내는 발광 생물이 발광 버섯, 발광 세균, 야광충, 불똥꼴뚜기처럼 몇 종류 되지 않는다.

그중에서 반딧불이는 그나마 주변에서 쉽게 만날 수 있는 발광 곤충이다. 산속으로 깊이 들어가지 않아도 재래식 논이 많은 시골 마을 주변에서도 흔하게 볼 수 있다.

생물의 발광에는 체내의 발광 물질을 이용하는 '1차 발광'과, 공생 또는 기생하는 생물을 이용해 빛을 내는 '2차 발광'이 있다. 야광충이나 반딧불이는 1차 발광을 하는데 몸 안에 있는 세포 속에서 빛을 만들어 낸다. 이것을 '세포 내 발광'이라고 한다. 발광 생물은 빛을 낼 때에 몸 안에 있는 발광 물질을 효소로 산화시켜 빛을 내는 경우가 많다. 이렇게 만들어지는 빛은 모두 가시광선이다. 우리가 따뜻하게 느끼는 적외선이 없기 때문에 차가운 빛이다.

반딧불이의 경우 루시페린(luciferin)이라는 물질과 루시페라아제(luciferase)라는 효소가 산소와 에너지인 ATP의 도움으로 옥시루시페린이 되는 반응에서 빛을 만들어 낸다.

아름다운 생명의 불빛

서둘러 포충망을 휘둘렀다. 가장 먼저 파파리반딧불이가 잡혔다. 파파리반딧불이는 반딧불잇과(Lampyridae)에 속하는 딱정벌레이다. 파파리반딧불이의 활동은 5월부터 시작되는데 6월 말쯤이면 절정에 이른다. 그때가 되면 파파리반딧불이들은 밤하늘의 별들과 누가 더 밝은지 내기라도 하듯 아름다운 빛을 한껏 낸다. 이 때문에 '불빛 딱정벌레(Firefly)'라고 불린다.

일단 채집한 파파리반딧불이에 표시를 했다. 딱지날개에 자그마하게 번호를 적고 놓아 주었다. 이것은 반딧불이의 수명을 알아보기 위한 것이었다. 다음 날 같은 장소에서 전날 표시해 둔 반딧불이를 다시 잡으면 그 반딧불이가 그때까지 살아 있었다는 것을 알 수 있

다. 이렇게 매일 잡고 놓아 주기를 반복하면 반딧불이의 수명을 측정할 수 있는 것이다. 말이야 간단하지만 한번 잡았던 딱정벌레를 다시 잡기란 그렇게 쉬운 일이 아니었다. 100여 마리에 표시했다고 해도 다음 날 10마리도 다시 잡기 힘들었다. 게다가 최소한 일주일 이상은 야외에서 밤을 지새야 했다. 이렇게 힘들여 모은 자료를 검토해 본 결과 파파리반딧불이 성충은 사나흘 정도 산다는 것을 알 수 있었다. 그리고 채집해서 실험실에서 키워 본 결과 10일 정도까지 사는 것을 관찰할 수 있었다. 미인박명(美人薄命)이라고 했던가. 아름다운 빛을 내는 반딧불이들은 그리 오래 살지 못한다.

1. 파파리반딧불이의 알 (사진: 한영식).

2. 파파리반딧불이의 애벌레 (사진: 한영식).

3. 파파리반딧불이의 성충 (사진: 한영식).

4~5. 파파리반딧불이의 수컷은 배의 다섯 번째, 여섯 번째 마디에 발광 기관을 가지고 있다. 암컷은 여섯 째 마디에만 발광 기관이 있다 (사진: 한영식).

6. 지상에 내려온 별 파파리반딧불이 (사진: 한영식).

노린재 야식

신이 나서 열심히 채집하고 있는데 조교 선생님이 부르는 소리가 들렸다. 신기한 게 있나 해서 쏜살같이 달려갔다. 그곳에는 잘 익은 산딸기가 있었다. 몇 개를 따서 입에 넣고 씹으니 달콤했다. 배도 고프던 차에 정신없이 먹었다. 달콤함 사이에 뭔가 조금 비릿한 끝 맛이 느껴졌지만, 그냥 무시하고 한 송이도 남김없이 먹어 치웠다. 다 먹고 나서는 이 비릿한 끝 맛이 무엇 때문인지 알아보려고 손전등을 켰다.

보지 말아야 할 걸 보고 말았다. 산딸기 넝쿨 위에서 조그마한 노린재들이 밤 풍경을 즐기고 있는 것이 아닌가? 딱정벌레와 비슷하고 냄새가 심하다고 해서 딱정벌레 연구자들이 가장 싫어하는 곤충인 노린재를 먹다니. 이럴 수가! 내가 과연 몇 마리의 노린재를 먹었던가? 갑자기 입 안이 텁텁해지고 속이 뒤집어질 것 같았다. 물로 입을 헹구고 속을 진정시키려고 음료수를 들이켰다. 간신히 속을 달래고 나서야 반딧불이 채집을 계속할 수 있었다.

반딧불이의 사랑 노래

채집을 마치고 돌아오는 데 벌써 동쪽 하늘이 밝아 오고 있었다. 학교로 돌아와서 채집한 파파리반딧불이 암수 한 쌍을 사육함에 넣었다. 파파리반딧불이가 어떻게 짝짓기를 하는지 보기 위해서였다.

파파리반딧불이의 암컷은 늦반딧불이의 암컷과 마찬가지로 날개가 퇴화되어서 날지 못한다. 대신 수컷이 날아다니며 짝을 찾는다. 또 암컷은 빛을 내는 발광 마디가 다섯 번째 마디에 하나 있고 수컷은 다섯 번째 마디와 여섯 번째 마디에 둘 있는 것이 특징이다. 이것만 알고 있으면 파파리반딧불이의 암수를 쉽게 구별할 수 있다.

반딧불이는 몸에서 내는 빛으로 짝짓기를 위한 의사소통을 한다. 날지 못하는 파파리반딧불이의 암컷이 풀숲이나 관목에 앉아 빛을 내고 있으면 날아다니던 수컷이 이 빛에 반응하여 발광 신호를 보낸다. 그러면 다시 암컷이 이것에 대한 응답을 빛으로 보내고, 곧 수컷이 암컷을 향해 발광 신호를 보내면서 암컷의 근처에 내려앉는다. 그리고 암컷에게 주기적인 발광으로 구애 신호를 보낸다. 암컷이 허락하면 짝짓기를 하는데 이때에도 밝지는 않지만 빛을 내는 것을 관찰할 수 있다.

반딧불이는 일정한 지속 시간 동안 일정한 간격으로 발광하는 것이 보통이다. 이 지속 시간과 간격은 반딧불이의 종과 상황에 따라 조금씩 다르다. 파파리반딧불이의 발광 지속 시간과 간격을 측정하기 위해, 우선 수컷과 암컷이 짝을 만나지 않았을 때의 '순수 발광(pure flash)'을 측정해 보았다. 약간 불규칙적이었지만 수컷은 발광 지속 시간이 평균 0.33초였고 암컷은 0.26초였다.

이번에는 수컷과 암컷을 같은 사육함에 넣고 발광 지속 시간을 측정해 보았다. 수컷이 암컷을 발견하고 '구애 발광(courtship flash)'을 하면 암컷도 그것에 응해서 구애 발광을 했다. 암수가 교대로 하는 구애 발광은 순수 발광과 주기는 거의 비슷하지만 발광 지속 시간이 달랐다. 수컷이 0.48초, 암컷이 0.54초였다. 수컷의 구애 발광 지속 시간은 순수 발광의 지속 시간보다 1.45배 길었고 암컷은 2.1배 길었다. 암컷의 발광 지속 시간이 길어지는 것은 암컷이 날지 못하고 수컷이 암컷을 찾아다녀야 하는 파파리반딧불이의 생태와 관련이 있는 것 같았다.

파파리반딧불이 암컷과 수컷은 구애 발광을 하면서 서로에게 다가가다가 짝짓기를 시작했다. 짝짓기를 하는 동안의 발광 지속 시간은 순수 발광 때보다도 짧았다. 평균 시간을 재 보니 0.21초였다. 그리고 빛의 세기는 순수 발광보다 구애 발광 때 더 강하고 짝짓기할

1. 늦반딧불이는 우리나라에서 가장 큰 반딧불이이다.

2. 늦반딧불이의 알(사진: 심하식).

3. 늦반딧불이의 애벌레도 성충처럼 빛을 낼 수 있다 (사진: 심하식).

4~5. 늦반딧불이도 배 끝 부분에 발광 기관을 가지 고 있다.

때에는 순수 발광보다도 더 약했다. 이렇게 짝짓기할 때에 빛의 세 기가 약해지고 발광 지속 시간이 짧아지는 것은 짝짓기할 때 내는 빛 으로 다른 파파리반딧불이의 사랑을 방해하지 않으려는 조물주의 배 려일지도 모른다.

반딧불이의 발광에 대해서는 여러 가지 의견이 분분하지만 이들 의 언어에 대해서는 연구가 계속되고 있다.

지각 대장 늦반딧불이

반딧불이는 전 세계적으로 2000여 종이 있으며 우리나라에는 8종이 살고 있다. 흔하게 만날 수 있는 것은 애반딧불이, 파파리반딧불이, 늦반딧불이 세 종류 정도이다. 이 중에 늦반딧불이(*Lychnuris rufa*)는 우리나라에서 가장 큰 반딧불이다.

덩칫값을 하는지 늦반딧불이는 반딧불이 중에서 가장 늦게 출현한다. 보통 늦여름부터 눈에 띄기 때문에 옛날 사람들은 '늦반디' 라는 이름으로 많이 불렀다.

갑옷을 입은 해마 같기도 하고 전설 속의 용 같기도 한 늦반딧불이의 애벌레는 몸 양쪽에 8쌍의 호흡 기관을 가지고 있다. 늦반딧불이 애벌레도 성충처럼 발광을 한다. 반딧불이 종류에 따라서는 알도 빛을 내는 것이 있다.

반딧불이 성충의 아름다운 빛만 본 사람은 쉽게 상상할 수 없겠지만, 반딧불이의 애벌레는 아주 사나운 포식자들이다. 반딧불이의 애벌레는 종에 따라 땅에 사는 것과 물에 사는 것이 있다. 애반딧불이의 애벌레는 물속에 살면서 논우렁이나 물달팽이를 잡아먹는 반면에 파파리반딧불이나 늦반딧불이의 애벌레는 뭍에 살면서 달팽이를 잡아먹는다.

늦반딧불이의 애벌레가 얼마나 포식성이 강한지 실험해 보기 위해서 달팽이를 넣어 주었다. 늦반딧불이의 애벌레가 달팽이를 공격하자 달팽이는 냉큼 껍질 속으로 숨어 버렸다. 그러면 늦반딧불이의 애벌레는 달팽이의 껍질 속으로 머리를 집어넣고는 도망갈 데 없는 달팽이를 껍질만 남기고 깨끗하게 먹어 치웠다. 애벌레는 낮에는 땅속에서 휴식을 취하다가 밤이 되어야 먹이 사냥에 나선다.

늦반딧불이는 9월 초순에 짝짓기를 한다. 늦반딧불이 암컷은 짝짓기 4~5일 후에 200개 정도의 알을 낳는데 30여 일이 지나면 애벌레들이 알을 깨고 나온다. 이 기온이 섭씨 20도 이하로 떨어지면 땅속으로 들어가서 동면을 한다. 그리고 다음다음 해 6월에 다시 육상으로 올라와서 달팽이를 잡아먹다가 성충으로 변태한다. 대부분 5~6월에 왕성한 활동을 보이는 늦반딧불이의 애벌레는 대부분 동면

을 한 후에 깨어난 2년차에 해당된다. 늦반딧불이는 2~3년이 한살이인 셈이다.

늦반딧불이 성충의 수명은 약 2주 정도이다. 이 짧은 시간 동안 사랑도 찾고 번식도 해야 한다. 요즘에는 야생 달팽이가 많이 줄어들어서 달팽이를 먹이로 하는 늦반딧불이도 점점 사라지고 있다.

반딧불이의 주된 활동 시간은 대략 저녁 10시부터 새벽 3시까지인데, 12시를 전후하여 가장 왕성하게 활동한다. 10미터 이상 높이 날아다니는 반딧불이도 있기 때문에 반딧불이를 채집하려면 손잡이가 긴 포충망을 들고 산을 헤매야 한다. 야간 활동이므로 뱀 같은 야생 동물로부터 자신을 보호할 수 있는 각반 같은 장비도 필요하다. 물론 랜턴도 반드시 가져가야 한다. 그리고 재래식 논이나 풀이 많은 숲을 헤치고 다녀야 하기 때문에 등산 바지를 입고 등산화를 신는 게 좋다. 재래식 논처럼 주로 반딧불이가 서식하는 곳은 밤에 인적이 끊기는 외진 장소가 많으므로 사고를 당하지 않도록 조심해야 된다. 특히 처음 채집 가는 사람은 혼자 가는 것보다 경험이 많은 사람과 동행하는 것이 좋다.

최근 환경에 대한 관심이 높아지면서 환경 상태를 알려주는 환경 지표종인 반딧불이가 각광을 받고 있다. 가까운 일본에서는 오래전부터 반딧불이를 사육해 자연에 방생하는 등 반딧불이의 보호에 노력해 왔다. 우리나라에서도 무주를 비롯한 많은 지역에서 반딧불이 관련 행사를 통해 반딧불이를 살리려고 애를 쓰고 있다. 하지만 그렇게 쉬운 일은 아닌 듯하다. 저렇게 작은 생명의 빛을 지킬 수 없다면 자연에서 우리가 지킬 수 있는 것이 있을까? 자연을 사랑하고 보호하는 일은 작은 것을 지키는 데에서 시작해야 할 것이다.

장수풍뎅이

학명	*Allomyrina dichotoma*
서식지	수액이 나오는 참나무 종류.
활동기	7월과 9월 사이.
몸길이	30~55밀리미터.
분포	한국, 중국, 일본 등지.
특징	몸은 적갈색이나 흑갈색이며 수컷에는 커다란 뿔이 있고 암컷에는 뿔이 없다. 우리나라의 풍뎅이 종류 중에서 가장 크다. 힘도 상당히 센 편이다.
생태	애벌레는 낙엽이나 식물이 썩은 것을 먹으며 땅속에서 산다. 성충은 수액을 먹으며 살아간다. 야행성이며 불빛에 유인되어 날아오기도 한다. 몇 년 전까지만 해도 보호종으로 지정될 성도로 해마다 개체 수가 줄었다. 하지만 최근 사육에 성공하면서 가정에서도 쉽게 키울 수 있는 애완 곤충으로 각광받고 있다.

딱정벌레 왕국의 장군 –장수풍뎅이와 장수하늘소

1998년의 뜨거운 여름, 수박의 마을 고창으로 채집 여행을 떠났다. 나지막한 산들이 여기저기 올망졸망 바다의 섬처럼 솟아 있는 것이 우스꽝스럽게 보였다. 해발 1000미터가 넘는 산들이 많은 강원도에서 주로 채집을 하던 나로서는 삼남 지방의 산들이 그냥 자그마한 언덕으로 느껴졌다.

저녁 늦게서야 야영장에 도착했다. 도착하자마자 곧 채집에 들어갔다. 사방이 산으로 둘러싸인 지형을 찾은 다음 발전기를 돌려 수은등을 환하게 켰다. 그리고 그 아래에 흰 천을 펴 놓았다. 곤충을 채집할 함정을 만든 것이다. 이렇게 수은등 불빛으로 곤충을 유인해 채집하는 것을 등화 채집이라고 한다. 등화 채집을 하면 그 지역에 어떤 야행성 딱정벌레들이 살고 있는지 쉽게 확인할 수 있다.

수은등을 한참 켜 놓았지만 그 흔한 나방 종류조차 모이지 않았다. 날씨가 저녁부터 좋지 않았는데, 아무 예고도 없이 갑자기 비바람이 치기 시작했다. 비바람을 피해서 급히 차 안으로 들어가는 순간 아무 생각 없이 밖에 두고 온 수은등이 넘어져 깨지는 소리가 들렸다. 비바람을 원망하며 숙소로 향했다.

내 원망을 들었는지 비가 약해지기 시작했다. 달빛이나 별빛이 없는 흐린 날에는 채집용 수은등 외에 다른 빛이 없기 때문에 딱정벌레들이 더 잘 모이며, 이슬비가 약하게 내리는 날에는 야행성 딱정벌레들이 더 잘 활동한다는 이야기가 갑자기 생각났다. 이슬비에 아랑곳없이 숙소 근처의 가로등 아래로 뛰어갔다. 손전등을 들고 열심히 딱정벌레 찾았다. 하늘은 나를 버리지 않았다. 딱정벌레 왕국의 장군, 장수풍뎅이를 만날 수 있었다.

장수풍뎅이의 카리스마

투박하게도 큰 장수풍뎅이의 암컷이 가로등 밑을 엉금엉금 기어가고 있었다. 대부분의 사람들은 커다란 뿔을 가진 장수풍뎅이의 수컷만을 장수풍뎅이로 알고 있다. 하지만 장수풍뎅이의 암컷은 뿔이 없다.

장수풍뎅이는 장수풍뎅잇과(Dynastidae)에 속하는 딱정벌레로 우리나라에서는 3종 정도가 서식하는 것으로 알려져 있으며 우리나라의 풍뎅이 중에서 가장 힘세고 가장 크다. 게다가 뿔처럼 우뚝 솟은 수컷의 머리는 어떤 카리스마마저 느끼게 한다. 하지만 이런 외모가 무색하게 한때에는 멸종 위기에 빠져 사람들의 보호를 받아야만 한 적이 있었다. 1990년대 중반까지만 해도 장수풍뎅이의 숫자가 나날이 줄어들었기 때문에 나라에서 보호종으로 지정해야 할 정도였다. 하지만 다행히도 1990년대 중반 이후 사육에 성공함으로써 보호종에서 해제되었다. 근래에는 농장에서 사육된 장수풍뎅이들이 교육용, 애완용 곤충으로 인터넷 애완 곤충 쇼핑몰을 통해 판매되고 있다.

장수풍뎅이는 시판되는 사육함을 이용해 쉽게 기를 수 있다. 보통 인터넷 쇼핑몰에서는 알, 애벌레, 성충을 모두 취급하는데, 이 애벌레를 가져다가 참나무 톱밥 같은 게 섞인 부엽토를 함께 넣어 주면 된다. 시간이 조금 지나면 이것이 사육함 안에 번데기 방을 만들어 고치를 튼다. 시간이 좀 더 지나면 우화하여 성충이 된다. 장수풍뎅이 사육함은 이렇게 장수풍뎅이의 변태 과정을 생생하게 관찰할 수 있기 때문에 학생들에게는 훌륭한 자연 관찰 교재가 된다.

직접 장수풍뎅이를 만날 수 있는 곳은 졸참나무, 떡갈나무, 상수리나무 같은 참나무 종류의 고목이다. 그중에서도 수액이 많이 흘러나오는 나무에서 쉽게 발견할 수 있다. 또 불빛에 잘 유인되므로 야간 등화를 이용해 많이 채집할 수 있다. 숲이 우거지고 사방이 산으로 둘러싸여 있는 곳이 더 없이 좋은 장소이다.

밤의 지배자

가로등 밑에서 장수풍뎅이 암컷을 채집하기는 했지만, 커다란 뿔을 가진 수컷은 보지도 못했다. 비가 계속 오기도 해서 숙소로 걸음을 돌렸다. 다음 날 아침, 새로운 마음으로 채집지도 찾을 겸 답사에 나섰다. 주변의 사람들에게 물어 보기도 하고, 여기저기 숲 속에도 들어가 보면서 장수풍뎅이와 사슴벌레에 대한 정보를 구하러 다녔다.

야간 채집에는 장소 선정이 중요하다. 주변에 참나무들이 많고 수

은등을 설치할 곳 주변이 산이나 숲으로 둘러싸여 있고 불빛이 산의 모든 곤충에게 잘 보이는 장소여야 한다. 결국 장수풍뎅이가 많이 살 것으로 보이는 지역을 찾아냈다.

밤이 되길 기다리며 등화 채집 장비를 설치했다. 가시광선과 적외선이 섞인 일반 백열등 불빛에는 곤충들이 거의 유인되지 않기 때문에 등화 채집에서는 밝은 빛을 내는 수은등을 사용한다. 해가 지자마자 수은등을 켰다. 전날과는 달리 잠시 후에 나방들이 한두 마리씩 나타나기 시작했고 곧 잠자리들이 합류했다. 8월 밤이라 그런지 매미와 메뚜기도 날아들었다. 조금 더 시간이 흐르자 웅 하는 커다란 소리와 함께 환한 불빛을 뚫고 커다란 곤충 하나가 힘차게 날아왔다. 반사적으로 포충망을 휘둘렀다. 포충망을 잡은 손에 묵직한 느낌이 전해졌다. '마침내 잡았다.' 포충망에 손을 넣고 조심조심 꺼내들었다. 잡고 있는 손가락으로 꿈틀거림이 느껴졌다. 딱정벌레 왕국의 밤하늘을 지배하는 야생 장수풍뎅이를 채집한 순간이었다.

장수풍뎅이의 힘은 정말 대단하기 때문에 힘주어서 잡지 않으면 그 힘에 놀라서 놓치기 일쑤다. 초등학교 저학년 학생의 경우에는 대부분 그 힘에 놀라서 놓치고 말 것이다. 장수풍뎅이는 강력한 힘을 가진 밤의 지배자이다.

▲ 천연기념물인 장수하늘소. 가슴의 양쪽 가장자리에 톱니 모양의 돌기가 있다(사진: 이연세).

◀ 장수풍뎅이는 수액을 주로 먹고살기 때문에 수액이 많은 참나무에서 쉽게 만날 수 있다.

천연기념물이 된 장수

장수하늘소(*Callipogon relictus*)는 장수풍뎅이와 더불어 '장수' 라는 글자가 들어가는 대표적인 딱정벌레이다. 장수하늘소는 하늘솟과(Cerambycidae)에 속하는 딱정벌레로 우리나라에 있는 하늘소 중에서 가장 크고 가장 힘이 세다. 동북 시베리아, 만주 등지에서 서식하

1. 이제는 자연에서 보기 힘들어진 장수하늘소(사진: 이연세).

는 것으로 알려져 있으며 우리나라에서는 광릉, 소금강, 춘천, 화천, 양구, 북한산 등지에서 발견되었다. 그러나 요즘에는 광릉과 소금강 지역 외에서는 발견되지 않는다. 이렇게 종의 유지마저 어렵게 되자 나라에서는 천연기념물 218호로 지정해 보호하고 있다. 10여 년간 딱정벌레만 찾아다닌 나도 몇 번 본 적이 없다.

채집을 다니다 보면 종종 저기에 장수하늘소가 있는데 어떻게 해야 하느냐고 물어 보는 사람을 만날 수 있다. 그렇지만 대부분은 장수하늘소가 아니라 그냥 하늘소이다. 장수하늘소는 톱하늘소아과 (Prioninae)에 속하기 때문에 가슴 양쪽 가장자리에 톱니 모양의 돌기가 있으며 하늘소보다는 훨씬 크다.

장수하늘소의 성충은 주로 6월과 9월 사이에 출현하는데 7월과 8월 사이에 가장 많이 볼 수 있다. 주로 서어나무, 신갈나무, 물푸레나무, 들매나무 같은 활엽수 숲에서 산다. 짝짓기를 마치면 100여 개 정도의 알을 낳고 나무 속으로 파고 들어가 나무를 먹는다. 애벌레도 다 자라면 120~130밀리미터나 되기 때문에 우리나라 곤충 중에서 가장 크다고 할 수 있다. 번데기에서 우화하면 나무 속에서 바깥으로 구멍을 뚫고 나오는데 구멍의 지름이 30~60밀리미터로 매우 크다.

야행성 곤충들은 주로 수액이 흐르는 곳에 모인다. 수액에 모여드는 곤충들에도 우선 순위가 있다. 힘센 곤충들이 가장 먼저 수액을 차지한다. 힘없는 곤충들은 힘센 곤충들이 다 먹고 나서야 수액을 먹을 수 있다. 힘센 곤충이 여기에서 다룬 장수하늘소, 장수풍뎅이, 장수말벌이라면, 왕바구미, 흰점박이꽃무지, 거저리, 송장벌레, 나비 등은 힘없는 곤충이다. 힘없는 곤충들은 수액을 먹다가도 힘센 곤충들이 나타나면 자리를 양보해야 한다. 곤충 세계든 인간 세계든 강자, 약자 없이 사이좋게 나누면서 사는 것은 쉬운 일이 아닌 것 같다.

왕사슴벌레

학명	*Dorcus hopei*
서식지	수액이 나오는 참나무 종류.
활동기	6월과 9월 사이.
몸길이	수컷은 27~60밀리미터, 암컷은 25~40밀리미터.
분포	한국, 중국, 일본 등지.
특징	몸은 전체적으로 진한 검은색이다. 수컷의 큰턱은 타원형 집게처럼 생겼고 중간에 위쪽으로 갈라진 돌기가 있다. 암컷은 수컷에 비해서 턱이 상당히 작다.
생태	애벌레는 참나무 같은 활엽수의 썩은 부분을 먹는다. 성충은 나무에서 흘러나오는 수액을 먹고살며 야행성이다.

낚시로 잡은 딱정벌레 — 사슴벌레

수사슴을 본 적이 있는가. 수사슴의 우아한 자태와 뿔은 고결한 기풍을 느끼게 한다. 딱정벌레 세계의 신사, 사슴벌레 역시 수사슴의 뿔에 못지않은 멋진 큰턱을 가지고 있다.

딱정벌레 채집을 본격적으로 시작한 것은 1993년 여름이었다. 그때에는 혹자는 사슴벌레, 혹자는 집게벌레라고 잘못 부르는 이 딱정벌레를 무척이나 잡고 싶었다. 심지어는 자다가 사슴벌레 잡는 꿈을 꾸기도 했다. 그러던 어느 날 풍광 좋은 저수지로 비틀스 친구들과 함께 채집을 갔다. 길게 이어진 한적한 길 옆에는 나무와 풀이 줄지어 있었다. 그리고 그 사이로 수많은 곤충들이 날아다녔다. 곤충 채집가에게는 그야말로 파라다이스였다. 깨끗한 곳에 텐트를 치고 본격적인 채집 준비에 들어갔다.

저수지로 가는 터라 민물고기를 잡아 매운탕을 해 먹으려고 낚싯대를 가져갔다. 하지만 그 낚싯대가 딱정벌레 채집 도구로 쓰일 줄은 상상도 못했다. 우리는 채집조와 식사조로 조를 짰다. 주간 채집조는 채집을 나가고 남아 있는 사람들이 낚시를 해서 매운탕 재료를 마련하기로 했다.

그때만 해도 햇볕이 내리쬐는 한낮에는 곤충이 나타나지 않는다는 기본적인 사실조차 몰랐기 때문에 열정에 넘쳐 땡볕 아래로 채집을 나갔다. 결과는 뻔한 것이었다. 주간 채집조는 섭씨 30도를 훨씬 넘는 무더위 속에서 딱정벌레 그림자조차 보지도 못한 채 지친 다리를 끌며 터벅터벅 텐트로 돌아왔다. 마침 그때 텐트 근처에서 시끌벅적한 소리가 들렸다. 뭐 특별한 것이라도 있나 해서 달려가 보니

1. 톱사슴벌레의 짝짓기 장면. 사진에서는 암컷이 밑에 가려서 잘 보이지 않는다.

◀ 비상을 준비하는 톱사슴벌레.

뜻밖에도 코펠 안에서 수사슴, 아니 사슴벌레 수컷이 허우적대고 있는 게 아닌가.

딱정벌레 세계의 수사슴

수사슴의 영문 이름이 stag인데 수사슴의 뿔을 가장 많이 닮은 큰턱을 가진 딱정벌레가 바로 사슴벌레이다. 그래서 '사슴 딱정벌레(Stag Beetle)'라고 한다. 1993년에는 우리나라에서 아직 사슴벌레 사육이 보편화되지 않아, 보호종으로 지정될 정도로 그 수가 적었다. 초보 딱정벌레 채집가는 꿈에서나 잡던 딱정벌레였다. 그런 사슴벌레가 코펠 안에서 허우적대고 있다니.

게다가 저수지 위로 (투구)사슴벌레(*Lucanus maculifemoratus*)를 포함한 넓적사슴벌레(*Serrognatus platymelus*), 애사슴벌레(*Macrodorcas recta*) 등 사슴벌레 일고여덟 마리가 떠내려 오고 있었다. 눈앞에 있던 낚싯대로 사슴벌레를 낚았다. 야간에 수은등을 켜야 잡을 수 있는 사슴벌레를 낚시로 건져 내리라고는 전혀 생각하지 못했다.

3

4

떠내려 오는 사슴벌레들을 한 마리씩 정신없이 건져 올렸다. 한참 환호성을 지르며 채집하다가 저수지의 다른 쪽에 혹시 떠내려 온 사슴벌레가 없는지 확인하러 뛰어갔다. 그쪽에서 넓적사슴벌레가 죽어 있는 것을 발견할 수 있었는데 지금까지 내가 본 넓적사슴벌레 중에서 가장 큰 것이었다.

사슴벌레들이 왜 떠내려 왔을까를 생각해 보았다. 아마도 어젯밤에 수액을 먹으러 나온 사슴벌레들이 나뭇가지와 함께 저수지에 빠졌을 것이다. 우리는 늦은 점심을 먹으며 "사슴벌레는 물에서 잡아야 하는구나!" 하며 웃음보를 터트렸다.

1~2. 사슴벌레는 딱지날개 속에 자신의 몸만 한 속날개를 감춰 두고 있다.

3. 중형 턱을 가진 사슴벌레.

4. 대형 턱을 가진 사슴벌레.

등불 아래의 사슴벌레

낚시로 사슴벌레를 잡은 이후, 시간이 흘러 1998년 초여름. 사슴벌레를 채집하려고 참나무가 많은 강화도로 향했다. 사슴벌레는 야행성이기에 어둑어둑해질 무렵 채집지로 출발했다. 적당한 장소를 잡고 수은등을 켰다. 예상대로 여러 종류의 사슴벌레가 모여들었다.

사슴벌레는 사슴벌렛과(Lucanidae)에 속하는 딱정벌레로 전 세계

1~2. 사슴벌레의 큰턱.

적으로 1000여 종, 우리나라에는 16종이 있다고 한다. 하지만 아직 알려지지 않은 종들도 있어서 20여 종이 분포하는 것으로 보인다. 쉽게 채집할 수 있는 종류는 넓적사슴벌레와 애사슴벌레, 톱사슴벌레(*Prosopocoilus inclinatus*) 정도이다. 제주도에만 분포하는 것으로 알려진 제주도 특산종인 두점박이사슴벌레(*Prosopocoilus blanchardi*)는 멸종 위기종이라 만나기가 힘들다. 현재는 보호종으로 지정되어 있다. 그리고 주로 야행성인 다른 사슴벌레들과는 달리 비단사슴벌레 종류인 원표애비단사슴벌레(*Platycerus bonwonpyoi*)는 낮에 활동하는데 잡목림의 새순이 돋는 곳에서 발견할 수 있다.

1. 다우리아사슴벌레(*Prismognathus dauricus*).
2. 원표애비단사슴벌레의 애벌레.
3. 원표애비단사슴벌레 수컷.
4. 얼어죽은 넓적사슴벌레 애벌레.
5. 넓적사슴벌레 수컷.

누가 더 오래 살까?

사슴벌레들은 종류마다 수명이 다 다르다. 사슴벌레, 원표애비단사슴벌레, 다우리아사슴벌레(*Prismognathus dauricus*), 톱사슴벌레는 여름 한철에만 잠깐 나타났다가 죽는다. 반면에 홍다리사슴벌레, 넓적사슴벌레, 애사슴벌레들은 1~2년 이상 산다. 그리고 왕사슴벌레는 수명이 길어서 보통 2~3년 이상 산다. 사육을 하면 더 오래 살기도 한다. 이 때문에 우리나라나 일본에서는 대개 왕사슴벌레를 애완 곤충으로 키운다.

　사슴벌레를 사육하는 방법은 그렇게 어렵지 않다. 채집이나 인터넷 쇼핑몰을 통해서 구한 애벌레를 유리병 같은 투명한 용기에 넣고 발효 톱밥과 참나무를 간 것과 함께 넣어 준다. 그러면 애벌레는

그것을 먹고 자란다. 사람도 그렇지만 사슴벌레의 크기를 좌우하는
것은 유전적인 영향뿐만 아니라 어릴 때에 얼마나 잘 먹는가이다.
일본 사육가 중에는 왕사슴벌레를 크게 키우려고 영양이 풍부한 버
섯이나 로열 젤리를 먹이는 사람도 있다고 한다. 왕사슴벌레는 진한
검정색 몸빛, 멋있는 턱, 긴 수명 때문에 인기가 좋다. 또 짝짓기
후에 낳은 알을 받아서 여러 세대를 키우는 누대(累代) 사육도 가능
하다.

정교한 구조의 턱

사슴벌레는 커다란 턱으로 무엇을 할까? 사슴벌레 수컷은 암컷을 사이에 두고 수컷끼리 싸움을 벌이는 일이 잦다. 어쩌면 이 턱은 사슴벌레 수컷의 싸움 수단일지도 모른다. 그러나 암컷은 수컷에 비해 턱이 크게 발달되어 있지 않다. 그렇지만 암컷의 턱이 작다고 해도 수컷에 비해서 작은 것이지 다른 딱정벌레들에 비해서는 상당히 큰 것이다.

그러나 겉보기에 커 보이는 수컷의 턱도 힘에 있어서는 암컷보다 상당히 약하다. 짝짓기를 마친 후 알을 낳기 위하여 나무를 파야 하는 암컷의 턱은 외형적으로 수컷만큼 발달되어 있지는 않지만, 나무를 잘 팔 수 있도록 튼튼한 구조로 되어 있다. 그러므로 수컷의 턱이 싸움을 위하여 발달된 턱이라면 암컷은 번식을 위하여 발달된 것이라고 할 수 있다.

1~2. 왕사슴벌레의 수컷과 암컷.
3~4. 홍다리사슴벌레(*Nipponodorcus rubrofemoratus*)의 수컷과 암컷.
5~6. 톱사슴벌레의 수컷과 암컷.
▼ 사슴벌레의 결투.

우리목하늘소

학명　　*Lamiomimus gottschei*

서식지　야산의 활엽수나 벌채목.

활동기　6월과 8월 사이.

몸길이　25~35밀리미터.

분포　　한국, 일본, 중국, 시베리아 등지.

특징　　몸은 전체적으로 흑갈색이고 군데군데 황갈색의 얼룩무늬가 있다.

생태　　애벌레는 활엽수에 피해를 입히는 해충이다. 성충은 주로 밤에 활동하며 불빛을 보고 잘 날아온다. 예전에는 어린이들이 우리목하늘소의 더듬이를 잡고 다리로 돌을 들어올리게 하는 '돌드레'라는 놀이를 하고는 했다. 그래서 나이 든 사람 중에는 이 하늘소를 보고 '돌드레', '돌다리', '돌집게'라고 하는 이도 있다. 이것을 보면 우리목하늘소가 얼마나 튼튼하고 힘센지 알 수 있다.

불빛 속의 돌진 -하늘소, 풍뎅이

자동차 문화가 발전하면서 전국 방방곡곡에 주유소가 들어서 있다. 몇 년 전에 「주유소 습격 사건」이라는 영화가 젊은이들 사이에서 큰 인기를 누렸다. 주유소를 털어 한몫 챙기려고 한 젊은이들의 이야기였다. 목적 없이 살아가는 현대 젊은이들의 세태를 반영하는 영화이기도 했다.

그런데 이 주유소가 딱정벌레의 생존에 큰 위협을 끼치고 있다. 대부분의 주유소는 자동차를 운전하는 사람들이 잘 볼 수 있도록 밝은 수은등을 켜 두는데, 이것이 야행성 곤충들을 죽음으로 유인하는 함정이 되고 있다.

이것은 도시에서 멀리 떨어진 지방 도로에 주유소가 처음 생겼을 때와 생긴 지 좀 되었을 때, 곤충이 모이는 것을 비교해 보면 알 수 있다. 주유소가 처음 생기면 많은 수의 곤충들이 모이지만 시간이 갈수록 그 수가 줄어든다. 우주 공간의 블랙홀처럼 그 주변에 사는 딱정벌레의 생명을 빨아들이는 것이다. 주유소 하나는 곤충 채집가 1만 명이 채집하는 것보다 더 많은 수의 딱정벌레를 죽인다. 어떤 주유소는 몰려드는 곤충들을 감당할 수 없어서 수은등이 아닌 약한 불빛으로 바꾸기도 한다.

역설적이게도 주유소는 야간 채집하는 곤충 채집가에게는 천군만마보다 더 좋은 지원군이다. 주유소 수은등 밑에는 그 지역에 사는 수많은 야행성 곤충과 딱정벌레들이 모여 있기 때문이다. 그래서 야간 채집을 갈 때면 주유소에 들르곤 한다. 하지만 딱정벌레의 생존 환경을 보존하는 문제에 있어 주유소의 야간 조명 문제는 한번 심각하게 고려해 봐야 한다.

밤하늘을 날아다니는 소 떼

선사 시대 사람들은 대평원의 들소 떼를 사냥할 때 소리를 지르거나 개를 이용해 들소들을 절벽으로 몰았다. 그러면 들소들은 그곳이 죽음의 함정인지도 모른 채 돌진했다. 우리나라 밤하늘에서도 죽음의 함정인 주유소 야간 조명 속으로 돌진하는 소 떼를 만날 수 있다. 바로 하늘소 떼이다.

하늘솟과(Cerambycidae)에 속하는 하늘소(*Massicus raddei*)는 앞가슴과 가운데가슴을 마찰시켜서 끽끽 하는 소리를 내는 습성이 있다. 이 소리가 소의 울음소리와 닮았고 하늘을 날아다닌다고 하여 하늘소라는 이름을 붙인 것 같다. 중국과 일본 사람들은 하늘소를 '천우(天牛)'라고 쓰고 영어권에서는 '긴 뿔 딱정벌레(Long-horn Beeetle)'라는 이름으로 부른다.

하늘소는 뿔처럼 생긴 긴 더듬이를 보면 쉽게 암수를 구별할 수 있다. 수컷의 더듬이는 몸길이의 두 배나 되지만 암컷은 몸길이보다 짧은 것이 보통이다. 암수뿐만 아니라 종류에 따라서 하늘소의 더듬이 길이는 천차만별이다. 딱정벌레 채집가와 연구가들은 보통 하늘

소의 더듬이를 보고 종을 확인하는데, 그것을 생각하면 영어권 이름이 하늘소의 특징에 더 적합하다고 볼 수 있다.

하늘소는 전 세계적으로 2만 5000여 종, 우리나라에 300여 종이 사는 것으로 알려져 있는 상당히 큰 딱정벌레 집단이다. 몸길이도 2밀리미터부터 150밀리미터까지 상당히 다양하고 몸빛도 종마다 다르다. 주로 썩은 나무를 먹지만 몸안에 소화 효소가 있어 살아 있는 나무 줄기도 갉아먹을 수 있다. 애벌레와 성충 모두 활엽수에 커다란 해를 끼치는 해충이다.

하늘소가 불빛 속으로 돌진하는 이유는 하늘소의 주광성 때문이다. '주성(走性)'은 외부로부터의 자극에 반응하여 이동하는 생물의 무의식적인 행동을 말하는 것으로 자극이 발생하는 쪽으로 이동하는 것은 '양의 주성'이라고 하고 자극원의 반대로 이동하는 것은 '음의 주성'이라고 한다.

생물의 주성은 자극원의 종류에 따라서 빛에 반응하는 주광성(走光性), 화학 물질에 반응하는 주화성(走化性), 공기에 반응하는 주기성(走氣性), 접촉 자극에 반응하는 주촉성(走觸性), 농도 변화에 반응

1

1. 톱하늘소
2. 청줄하늘소.
▼ 깔따구하늘소.

하는 주농성(走膿性), 물에 반응하는 주수성(走水性), 땅에 반응하는 주지성(走地性), 전기 자극에 반응하는 주전성(走電性), 열 자극에 반응하는 주열성(走熱性), 유체의 흐름에 반응하는 주류성(走流性) 등으로 나눠진다. 하늘소나 야행성 딱정벌레들이 불빛에 날아드는 것은 이들이 양의 주광성을 보이기 때문이다. 등화 채집법도 이들의 주광성을 이용한 것이다.

등화 채집으로 만날 수 있는 대표적인 하늘솟과 딱정벌레에는 하늘소와 우리목하늘소 외에도 깔따구하늘소, 버들하늘소(*Megopis sinica*), 톱하늘소(*Prionus insularis*), 검정하늘소(*Spondylis buprestoides*), 청줄하늘소(*Xystrocera globasa*), 굴피염소하늘소 (*Olenecamptus formosanus*) 등이 있다.

240

불빛 속으로 돌진하는 풍뎅이들

하늘소와 더불어 가로등 아래나 채집용 전등 근처에서 만날 수 있는 야행성 딱정벌레가 풍뎅이이다. 왕풍뎅이(*Melolontha incana*)는 불빛을 향하여 말 그대로 돌진한다. 야행성 곤충은 별빛이나 달빛을 기준으로 이동하기 때문에 불빛을 별빛으로 오인하여 날아오는 것이다. 왕풍뎅이는 검정풍뎅잇과(Melolonthidae)에 속한다. 검정풍뎅잇과는 우리나라에는 50여 종이 있는 것으로 확인되었는데, 대부분은 참나무의 잎을 갉아먹으며 생활한다. 그리고 알은 숲의 땅속에 낳는다. 알에서 깨어난 애벌레는 활엽수의 뿌리를 먹는다.

그 외에도 검정풍뎅잇과에 속하는 딱정벌레로는 왕풍뎅이와 닮은 수염풍뎅이(*Polyphylla laticollis*), 참검정풍뎅이(*Holotrichia diomphalia*), 우단풍뎅이 등이 있다. 우단풍뎅이라는 이름은 딱지날개에 나 있는 곱고 짧은 털이 치밀하게 박힌 우단(羽緞, 벨벳)과 흡사하다고 해서 붙은 것이다. 여러 종류의 우단풍뎅이가 있지만 아직 연구가 부족하여 종을 제대로 구별하기 힘들다. 우단풍뎅이들은 대부분 식물의 뿌리에 피해를 주며 불빛을 보고 날아온다는 면에서 다른 풍뎅이나 하늘소와 비슷하다.

수은등을 좋아하는 딱정벌레들

야간 채집을 할 때에 주유소를 다 돌고 나면 다음으로 가는 곳이 가로등 밑이다. 사람들은 따뜻한 느낌을 준다고 하여 노란색 불빛의 백열등을 좋아하지만 딱정벌레들은 수은등처럼 하얀 불빛을 더 좋아한다. 수은등이 내는 단파장 빛이 딱정벌레들에게 더 매혹적으로 보이는 탓일 것이다.

채집을 막 시작했을 때에는 야간 채집에 꼭 필요한 발전기와 수은

등을 살 돈이 없었기 때문에 숲 근처 가로등이나 한적한 주유소를 배회하는 게 야간 채집의 전부였다. 하지만 한여름 밤 시원한 산바람을 맞으며 채집을 하는 것도 나름대로 즐거웠다. 줄풍뎅이족(Rutelini)에 속하는 금줄풍뎅이(*Mimela holosericea*), 카멜레온줄풍뎅이(*Anomala chamaeleon*) 같은 풍뎅이들을 처음으로 채집한 것도 그때였다. 줄풍뎅이족의 애벌레는 식물에 해를 입히는 해충이다. 불빛에 잘 유인되기 때문에 여름철 어디에서나 가로등 불빛 아래를 유심히 보면 쉽게 발견할 수 있다. 물론 채집할 수도 있다.

▲ 우단풍뎅이의 일종. 딱지날개의 털들이 마치 우단 같다. 정확한 종명을 알 수는 없다.
◀ 등노랑풍뎅이.

딱정벌레들의 무덤

하늘소나 풍뎅이 같은 딱정벌레들과 나방, 잠자리, 메뚜기 등의 야행성 곤충들이 죽음의 함정인 전등 불빛에 유인되어 날아오는 이유는 무엇일까?

밤에 이동하는 야행성 딱정벌레들에게는 방향을 알려주는 표지가 무엇보다 중요하다. 야행성 딱정벌레들은 하늘에 떠 있는 달과 별을 이용해서 방향을 찾는데 수은등이 있으면 그 불빛을 별빛이나 달빛으로 오인하여 날아오게 된다. 게다가 수은등 불빛이 별빛이나 달빛보다 더 강하기 때문에 적응을 못해 불빛 주위를 뱅뱅 돌다가 불빛을 향해 돌진하는 이상 현상을 보이기도 한다.

사람들은 더 편하게 살기 위하여 산을 허물고 그 아래에 공공 기관, 아파트, 음식점, 주유소 같은 건물들을 지었다. 그 건물들은 우리에게 아주 유용한 장소이고 꼭 필요한 장소일지 모른다. 그러나 딱정벌레 같은 곤충에게 이 건물들의 불빛은 죽음의 함정이다. 딱정

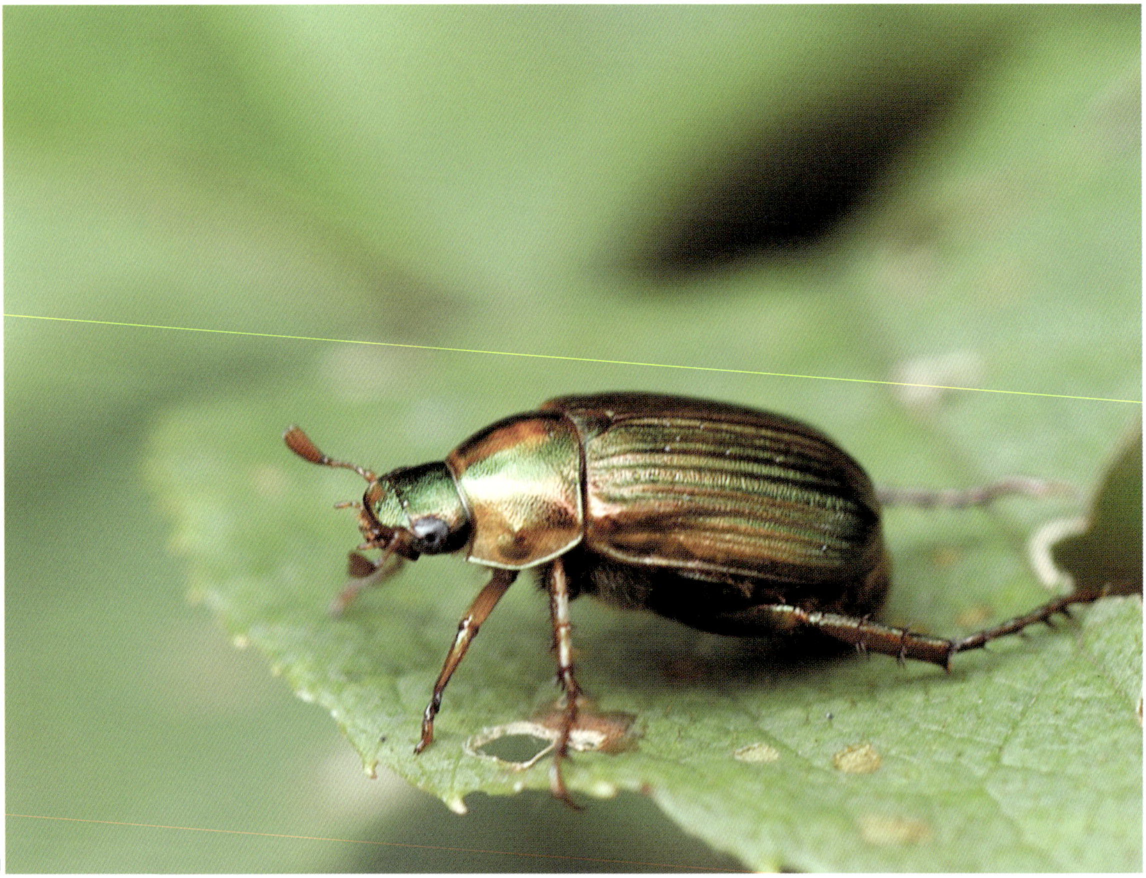

1

2

3

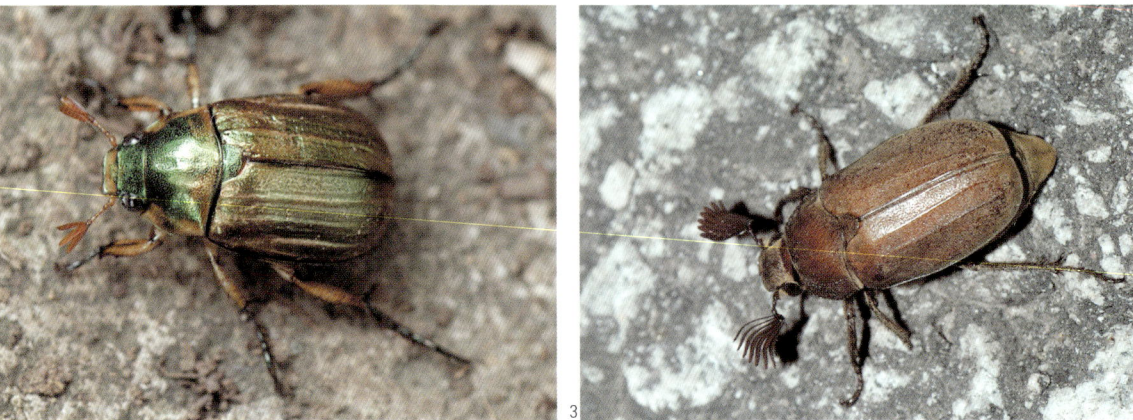

1. 홈줄풍뎅이(*Bifurcanomala aulax*). 2. 별줄풍뎅이(*Mimela testaceipes*). 3. 왕풍뎅이.

4
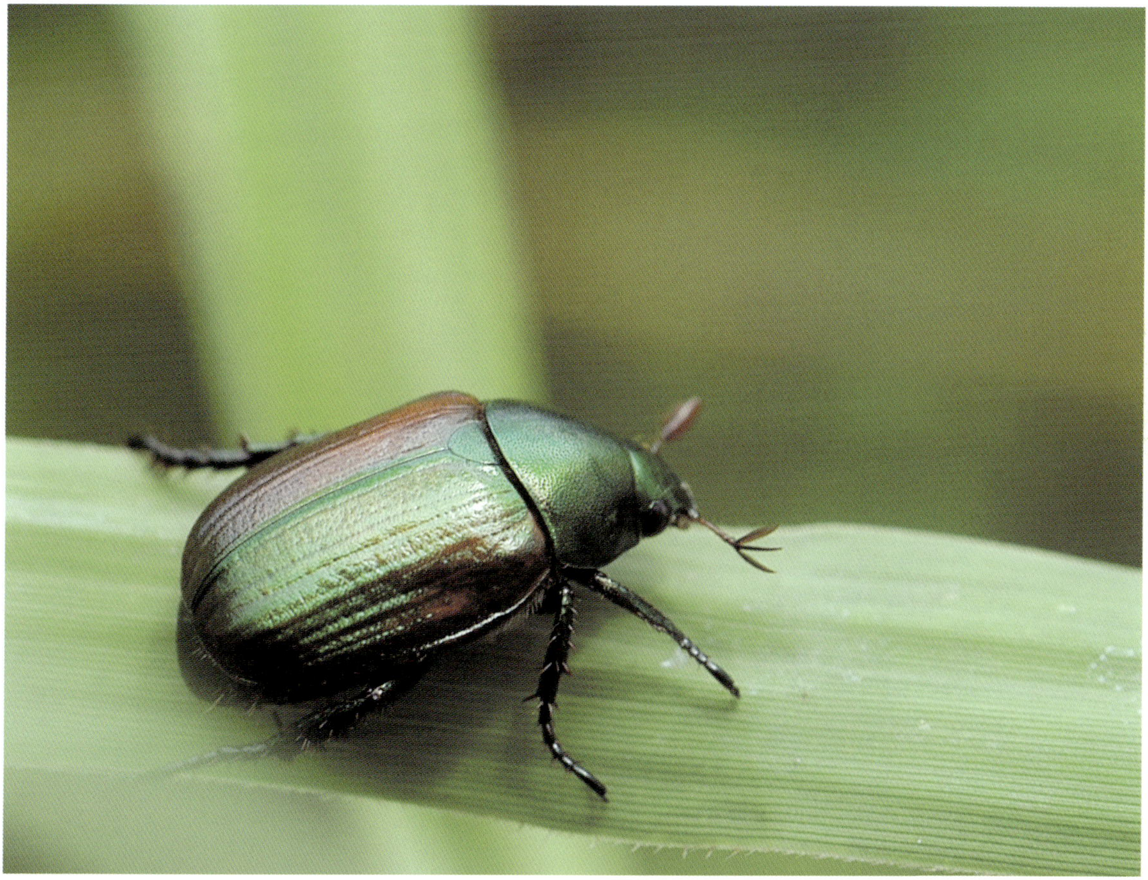

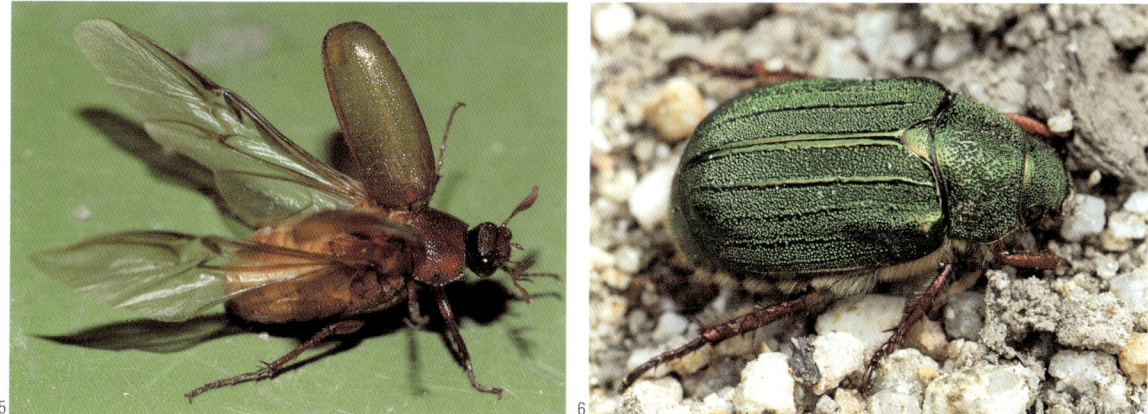

5

6

4. 카멜레온줄풍뎅이. 5. 황갈색줄풍뎅이(*Sophrops striata*). 6. 금줄풍뎅이.

1~2. 풍뎅이(*Mimela splendens*)의 비상.

1. 수은등에 몰려드는 곤충들.

벌레들은 불빛 주위를 날다가 지쳐 죽기도 하고 사람이나 차에 밟혀 죽는 경우가 많다. 실제로 야간 채집을 나가 보면 가로등이 많이 들어선 곳에서는 딱정벌레를 찾아보기 힘들다. 반대로 가로등이 하나도 없는 곳에 가서 채집용 수은등을 켜면 똑같은 장소임에도 불구하고 많은 수의 곤충을 만날 수 있다.

원래 길이 있던 곳에 가로등을 세우고, 사람이 살던 곳에 새 건물을 짓는 것은 곤충의 서식지를 직접 파괴하지는 않는다. 하지만 가로등과 건물의 조명은 곤충들이 서식지에서 살 수 없게 만든다. 우리가 모르는 사이에 이름도 붙여 주지 못한 수많은 곤충들이 사라져 가고 있다. 그러므로 주유소와 건물을 지을 때 야간 조명을 설치하는 작은 문제부터 생태계를 보호할 수 있는 방법이 무엇인지 한번 더 생각하는 것이 중요하다.

등화 채집법

준비물
수은등, 발전기,
흰 천, 채집통

대부분의 딱정벌레들은 야간에 불빛으로 유인할 수 있다. 딱정벌레가 단파장의 불빛에 유인되는 특성을 이용하여 채집하는 방법이 등화 채집법이다.

가장 효과적인 것은 단파장 빛을 만드는 수은등을 이용하는 것이다. 발전기로 전기를 발생시켜 등불을 켜고 흰 천으로 스크린을 만들어 땅과 수직이 되도록 걸어 놓은 다음 땅에도 흰 천을 깔면 등화 채집 준비가 완료된다. 시간이 지나면 나방, 하루살이, 강도래, 날도래 등이 모이고 시간이 조금 더 지나면 딱정벌레들도 나타난다.

발전기나 수은등 같은 장비를 별도로 사용해야 하기 때문에 혼자 가는 것보다는 채집 경험이 있는 여러 명의 사람들과 동행하는 것이 좋다. 야간 활동이기 때문에 시야도 좁아서 활동하는 데에도 조심할 필요가 있다. 발전기 같은 장비가 없는 사람들은 불빛이 환한 주유소나, 수은등이 켜진 길가를 돌아다니면서 채집하는 것도 좋은 방법이다.

흐린 날이나 그믐날 밤에는 별빛이나 달빛이 없어서 좋다. 즉 등화 채집법은 칠흑같이 어두운 곳에서 큰 효과를 발휘한다.

등화 채집을 하면 여러 딱정벌레들의 한꺼번에 채집할 수 있다. 사슴벌레, 장수풍뎅이, 풍뎅이, 방아벌레, 꼬마길앞잡이, 반날개, 하늘소, 물방개, 물땡땡이 같은 여러 종류의 딱정벌레들이 유인되기 때문에 그 지역의 곤충 분포를 확인하는 데 효과적이다.

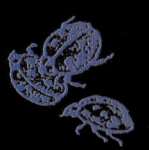

여행을 마치며

지금까지 땅에서, 꽃에서, 잎에서, 나무에서, 물에서, 그리고 밤하늘에 만날 수 있는 개성 넘치는 딱정벌레의 왕국을 여행했다. 딱정벌레는 지구에서 가장 다채로운 몸빛, 크기, 생활사를 가진 동물이다. 전 세계 딱정벌레들의 다양함은 말할 것도 없고 우리나라에서 살아가는 딱정벌레들도 수없이 다양하다. 지금까지 우리나라에서는 약 3,000종의 딱정벌레가 발견되었지만 1~2만 종가량이 있을 것으로 예상되기 때문에 지금까지 밝혀진 종 수는 극히 일부에 불과하다.

천연기념물로 지정된 무주 구천동의 애반딧불이, 점점 모습을 감추고 있는 천연기념물 218호 장수하늘소, 보호종으로 지정되었다가 사육의 성공과 함께 애완 곤충 스타가 된 장수풍뎅이, 옛날 아이들이 집게벌레라고 하면서 싸움 붙이며 놀았던 사슴벌레, 가정집 쌀통 속의 쌀바구미, 옛날 장터에서 상품 추첨에 쓰였던 물방개 등, 우리 곁에는 수많은 딱정벌레들이 있다. 그러나 이 딱정벌레들은 어떤 대접을 받고 있을까? 그저 한때의 유행으로, 관광 상품으로, 박멸해야 할 해충으로 잠깐 관심을 끌었다가 잊혀지고 있지는 않은가?

생태계를 유지하는 데 큰 공헌을 해 온 수많은 딱정벌레들은 우리와 함께 살아가는 소중한 생명들이다. 딱정벌레 중에는 곡물에 피해를 입히는 해충도 있다고는 하지만 전체의 5퍼센트도 안 된다. 송장벌레를 비롯한 딱정벌레들이 동물의 사체를 처리하고 고목 같은 죽은 식물을 분해시켜 자연 생태계를 유지해 간다는 것을 생각한다면 우리가 입는 피해라는 것은 미미할 뿐이다. 그런데 왜 딱정벌레에게 관심을 갖지 않는가?

자연을 사랑하는 마음

채집을 하면서 느낀 것이지만 일반적인 연구자와 수집을 목적으로 채집하는 수집가는 많이 다르다. 수집만을 목적으로 하는 마니아들은 한 곳에 100마리가 보이면 전부 다 잡아 버리는 경우가 많다. 그렇게 되면 그 지역에서는 그 딱정벌레를 이듬해에 보기 힘들어진다. 번식 환경 자체를 통째로 파괴하기 때문이다. 연구가 목적인 연구자들은 많은 개체를 잡는 것도 필요하지만 가능한 한 최소한의 개체만을 채집한다. 채집으로 인한 환경 파괴가 전체 생태계 파괴의 1퍼센트도 안 된다고는 하지만 수집가나 연구자를 비롯한 채집가들은 자신의 채집 행위가 가져올 수 있는 환경 파괴를 진지하게 고려해야 한다.

현재는 예전보다는 더 많은 연구가 곤충학계에서 진행되고 있고 곤충 동호인들과 곤충 사육 쇼핑몰들이 점차 늘고 있다. 특히 아마추어 연구자들과 동호인들이 많아지고 있다. 반면에 딱정벌레의 생태계는 더 빠른 속도로 파괴되고 있다.

▼ 사슴벌레.

1993년부터 지금까지 수많은 채집지를 다녀 봤다. 거기에서 많은 딱정벌레들을 만났고, 동시에 딱정벌레가 그렇게 많이 살던 서식지가 몇 년 만에 흔적도 없이 사라지는 것을 목격해야 했다. 너무나도 안타까웠다.

춘천 근교의 한 지역을 예로 들면 10년 전만 해도 매일 갈 때마다 새로운 딱정벌레들을 만날 수 있었다. 그곳은 연구자와 곤충에게는 그야말로 낙원이었다. 그렇지만 10년이 지난 지금은 관광객과 낚시꾼 때문에 몸살을 앓고 있다. 또 보호종으로 지정된 물장군이 강화도 깊은 산속에 지어진 테니스장의 강력한 불빛에 모여들어 그중 많은 수가 무심한 사람들의 발에 밟혀서 죽어 갔다.

광릉 수목원도 마찬가지이다. 몇 년 전에 텔레비전에서 천연기념물 218호인 장수하늘소가 발견되었다는 뉴스를 본 적이 있다. 하지만 그 뉴스는 그때가 마지막이었다. 커다란 고목이 많은 광릉 수목원은 강원도의 소금강, 오대산과 더불어 장수하늘소가 채집되던 지역이었다. 나라의 보호를 받는 광릉 수목원은 그다지 파괴되지 않았는데, 왜 장수하늘소의 수는 줄었을까?

광릉 수목원 주변에는 음식점이나 다른 편의 시설들이 즐비하다. 광릉 수목원 주변의 오래된 음식점 주인은 예전에는 장수하늘소가 불빛에 수십 마리씩 모여들었다고 한다. 하지만 지금은 단 한 마리도 볼 수 없다. 광릉 수목원의 수많은 장수하늘소들도 전등이 만든 무덤으로 향했던 것이다. 이것은 장수하늘소의 문제만이 아니다. 머지않아 우리나라의 모든 곤충이 천연기념물이라는 이름을 달고 멸종 위기에 처할지도 모른다.

자연을 즐기기 위한 편의 시설을 만드는 것도 중요하지만 후손과 다른 생물들을 위해 자연을 보존하는 것도 중요하다. 딱정벌레 같은 작은 동물의 생태를 이해하고 그들이 인간의 잘못으로 죽지 않도록 세심한 배려를 해야 한다. 가로등 불빛 하나에서부터 대규모 개발 정책에 이르기까지 자연을 이용하거나 개발하는 데 있어 우리는 더 깊은 주의를 기울여야 한다.

사람은 서로 사귈 때 통성명부터 한다. 서로의 이름을 불러 주면 그만큼 더 친해진다. 마찬가지로 딱정벌레들의 이름을 알면 딱정벌레와 좀 더 친해질 수 있다. 자연을 사랑하고 아끼는 환경 보호도 자연 속에 사는 우리 친구들의 이름을 제대로 불러 주는 데에서 시작된다. 우리나라의 대표적인 딱정벌레들을 소개하는 이 책은 딱정벌레와 우리가 친해지기 위한 첫걸음이다.

채집가의 길

딱정벌레들을 만난 것은 커다란 행운이다. 그들은 나에게 '관심'이라는, 선물을 주었다. 관심을 가지기 전에는 스쳐 지나갔던 거리나 산에서 아무것도 보지 못했지만, 관심을 가지게 되니 딱정벌레 왕국이 눈앞에 펼쳐졌다. 관심을 가진 후에야 비로소 딱정벌레들의 다양한 삶을 볼 수 있었듯이, 다른 모든 일에도 내가 관심만 가지면 알 수 있고 할 수 있다는 자신감을 갖게 되었다. 이러한 중요한 자신감을 일깨워 준 딱정벌레들이 내겐 너무나도 고마운 존재이다.

이 책이 딱정벌레들에 관심을 갖기 시작한 아마추어 동호인들이나 일반인들이 곤충에게 다가가는 데 작은 도움이 되기를 바란다. 독자들이 이 책을 통해 내가 10여 년 전에 겪었던 혼란과 방황을 반복하지 않았으면 한다. 아직까지 자신의 이름조차 얻지 못한 딱정벌레와 곤충들이 너무나도 많기 때문에, 채집가에게 남겨진 임무는 막중하다.

이 책에서 다양한 딱정벌레들의 삶을 살펴봤지만 그것은 빙산의 일각에 불과하다. 책의 구성상 많은 부분을 추려 낸 것이 너무나도 안타까울 뿐이다. 앞으로도 기회가 주어진다면 더 많은 딱정벌레들을 다뤄 보고 싶다. 그때까지 나는 딱정벌레 왕국으로의 여행을 멈추지 않을 것이다.

1. 호랑하늘소.

감사의 글

다양한 딱정벌레를 만날 수 있도록 딱정벌레들을 창조하시고, 책을 쓸 수 있도록 나의 힘이 되어 주신 하나님께 먼저 영광을 돌립니다. 딱정벌레 연구를 하면서 때로는 딱정벌레도 잡아다 주며 새벽부터 아침을 차려 주시고 기도해 주시면서 좋아하는 일을 할 수 있도록 도와주신 어머님께 깊은 감사를 드립니다. 그리고 물심양면으로 도와주신 두 형님과 형수님, 세 누님과 매형을 포함한 우리 가족 모두에게도 감사드립니다. 그리고 책을 쓰면서 어린 시절의 짧은 추억에서나마 만날 수 있었던 고인이 되신 아버님께도 감사드립니다.

딱정벌레에 대한 연구를 같이 시작했던 장영철을 포함하여 비틀스에서 호흡을 맞추었던 친구와 후배 들에게도 감사의 말을 전하며, 특히 필자의 채집 파트너로 채집을 함께하며 사진 촬영을 도맡아 준 후배 이승일에게 깊은 감사의 말을 전합니다. 또 사진을 후원해 준 손상봉에게도 감사의 말을 전합니다. 그리고 졸업 논문을 위해 반딧불이를 같이 채집하고 연구했던 심하식 박사님과 최진규 선배님께도 감사드립니다. 아울러 동아리 비틀스가 생물학과에서 정착할 수 있도록 도와주신 강원 대학교 생물학과의 여러 교수님들과 선배님들께도 감사드립니다. 과가 다름에도 처음 시작부터 많이 도와주신 농생물학과 교수님들께도 진심으로 감사를 드립니다. 그리고 중앙 초등학교 시절 "소금이 되어라."라는 문장이 담긴 열쇠고리를 나누어 주시며 세상에 꼭 필요한 사람이 되라고 말씀하신 김선옥 선생님과, 고등학교 시절 저의 미래상이자 생물을 더욱 좋아할 수 있도록 해 주신 임헌영 선생님께 감사드립니다. 그리고 책을 쓸 수 있도록 배려해 주신 (주)신용유비투스 김근수 사장님 이하 모든 회사 가족 여러분께도 감사의 말을 전합니다. 또한 부족한 글과 사진을 책으로 엮어 주신 사이언스북스 편집부와 미술부를 포함한 관계자 여러분께 진심으로 감사드립니다. 마지막으로 이 책을 끝까지 읽어 주신 독자 여러분께 깊이 감사드립니다.

참고 문헌

··

딱정벌레들의 우리말 이름과 학명을 정리하는 데에는 한국곤충학회와 한국
응용곤충학회가 낸 『한국곤충명집』을 주로 참조했다.

단행본
김진일, 『쉽게 찾는 우리 곤충』, 현암사, 1999년.
김학준, 『학습원색대도감』, 금성출판사, 1977년.
남성호, 『한국의 곤충』, 교학사, 1996년
산림청, 『수목병해충도감』, 임업연구원, 1991년
신유항, 『원색한국곤충도감』, 아카데미서적, 1993년.
아서 브이 에번스, 찰스 엘 벨러미, 윤소영 옮김, 『딱정벌레의 세계』, 까치, 2002년.
오쿠모토 다이사부로, 이종은 옮김, 『파브르 곤충기』, 고려원미디어, 1993년.
조복성, 『한국동식물도감』, 문교부, 1969년.
존 라이언, 이상훈 옮김, 『지구를 살리는 7가지 불가사의한 물건들』, 그물코, 2002년.
한국곤충학회, 한국응용곤충학회, 『한국곤충명집』, 건국 대학교 출판부, 1994년.

논문
강태화, 「한국산 병대벌레과의 분류」, 성신여자대학교 석사 학위 논문, 2000년.
김수연, 「한국산 사슴벌레과의 분류학적 연구」, 『성신여자대학교 석사 학위 논문, 1995년.
김진일, 「풍뎅이상과 상」, 『한국경제곤충 4』, 정행사, 2000년.
김진일, 「풍뎅이상과 하」, 『한국경제곤충 10』, 정행사, 2001년.
박종균, 백종철, 「딱정벌레과」, 『한국경제곤충 12』, 정행사, 2001년.
백진숙, 「한국산 검정풍뎅이아과의 분류학적 검토」, 성신여자대학교 석사 학위 논문,
    2001년.
오승환, 「한국산 줄범하늘소족의 분류학적 연구」, 강원대학교 석사 학위 논문, 2000년.
이승모, 「한반도 하늘소과 갑충지」, 국립과학관, 1987년.
이종은, 안승락, 「잎벌레과」, 『한국경제곤충 14』, 정행사, 2001년.
이희아, 「한국산 꽃무지과의 분류학적 검토」, 성신여자대학교 석사 학위 논문, 1999년.
정규환, 「한국산 길앞잡이의 분류」, 전북대학교 석사 학위 논문, 2002년.
조영복, 안기정, 「반날개과」, 『한국경제곤충 11』, 정행사, 2001년.
조영복, 안기정, 「송장벌레과」, 『한국경제곤충 11』, 정행사, 2001년.

딱정벌레 찾아보기 -우리말 이름

257

자연과 인간 1

딱정벌레 왕국의 여행자

우리 땅, 우리 숲에서 만나는 딱정벌레의 세계

1판 1쇄 펴냄 | 2004년 2월 2일
1판 6쇄 펴냄 | 2010년 8월 10일

글쓴이 | 한영식
찍은이 | 이승일
펴낸이 | 박상준
펴낸곳 | (주)사이언스북스

출판등록 1997. 3. 24. (제16-1444호)
135-887 서울시 강남구 신사동 506 강남출판문화센터
대표전화 515-2000 | 팩시밀리 515-2007
편집부 517-4263 | 팩시밀리 514-2329
www.sciencebooks.co.kr

ISBN 978-89-8371-526-5 04470
ISBN 978-89-8371-525-8   (세트)